高等学校应用型特色规划教材

中文 Visual FoxPro 应用系统开发实训指导
(第 3 版)

杨绍增　主　编

陈道贺　副主编

清华大学出版社

北京

内 容 简 介

本书是清华大学出版社出版的《中文 Visual FoxPro 应用系统开发教程(第 3 版)》的配套用书,通过精心设计的系列上机实训,配合理论教学,完成"教学管理系统"的整个开发过程。全书将该系统的开发过程划分为与理论教学同步进行的 18 组实训题目,做到理论联系实际、培养应用能力,达到既学会知识又提高素质的目的。

为满足理论教学、上机实训和深化教学改革的需要,本书还附有配套教学光盘。内容包括电子课件、授课和上机实训所需要具备的上机实验环境、习题参考答案,以及为帮助读者参加国家 Visual FoxPro 等级考试而研制的无纸化作业和网络考试模拟系统等丰富的教学资源。

本书与《中文 Visual FoxPro 应用系统开发教程(第 3 版)》以及配套光盘三者密切配合、相互支撑,形成了立体化的教材体系。

简明教程+上机实训+多媒体课件+无纸化作业系统+国家等级考试模拟练习+网络考试平台,构成了本教材的新特征。

本书可作为普通高等和中等学校 Visual FoxPro 国家等级考试教学用书,也可作为成人教育和培训班相关课程的教材,并可供计算机技术人员自学和参考。

图书在版编目(CIP)数据

中文 Visual FoxPro 应用系统开发实训指导/杨绍增主编. --3 版. --北京:清华大学出版社,2014
高等学校应用型特色规划教材
ISBN 978-7-302-36710-9

Ⅰ. ①中…　Ⅱ. ①杨…　Ⅲ. ①关系数据库系统—高等学校—教材　Ⅳ. ①TP311.138

中国版本图书馆 CIP 数据核字(2014)第 115958 号

责任编辑:章忆文　杨作梅
封面设计:杨玉兰
责任校对:周剑云
责任印制:沈　露

出版发行:清华大学出版社
　　　　网　　址:http://www.tup.com.cn, http://www.wqbook.com
　　　　地　　址:北京清华大学学研大厦 A 座　　　邮　　编:100084
　　　　社 总 机:010-62770175　　　　　　　　　邮　　购:010-62786544
　　　　投稿与读者服务:010-62776969, c-service@tup.tsinghua.edu.cn
　　　　质 量 反 馈:010-62772015, zhiliang@tup.tsinghua.edu.cn
　　　　课 件 下 载:http://www.tup.com.cn,010-62791865
印　刷　者:北京富博印刷有限公司
装 订 者:北京市密云县京文制本装订厂
经　　销:全国新华书店
开　　本:185mm×260mm　　　印　张:13.75　　字　数:328 千字
　　　　 (附 CD1 张)
版　　次:2006 年 1 月第 1 版　　2014 年 9 月第 3 版　　印　次:2014 年 9 月第 1 次印刷
印　　数:1～3000
定　　价:28.00 元

产品编号:057672-01

前　言

本书是清华大学出版社出版的教材《中文 Visual FoxPro 应用系统开发教程(第 3 版)》的配套上机实训用书。目的是通过系统性地上机操作练习，帮助读者逐步熟练掌握利用 Visual FoxPro 开发应用软件的过程和方法，顺利通过国家计算机等级考试。

为使读者能够通过上机实训掌握开发应用系统的完整过程，本书以开发一个"教学管理系统"为目标，从建立开发项目、创建数据库和表开始，逐步掌握数据库的基本操作技能，并掌握各项具体功能程序(报表、菜单、表单和主程序等)的设计方法，最后通过系统连编，得到可以发布的应用系统软件，从而达到国家等级考试大纲关于掌握简单应用系统开发能力的要求，提高就业竞争力。

全书由以下 4 部分组成。

第 1 部分：绪论。 在绪论中，对贯穿于教学和实训的案例"教学管理系统"进行详细说明。给出这个系统的基本分析和设计过程，包括数据库设计、表的结构设计、系统功能结构设计，使读者在开始实训之前就有明确的目的性。

第 2 部分：上机实训内容及划分。 将全部上机内容根据教学进度分解为 18 个实训单元，每个单元都有具体练习内容，具有很强的针对性和实用性。一般每个实训单元都与主教材中某一讲的教学内容相对应。如实训 1 与第 1 讲对应，依次类推。

上机实训是本教材的核心，也是本课程的教学重点，对于实现本课程的教学目标有特别重要的作用。为此，我们不仅精心设计了上机实训的教学内容，对教学方法和实现手段也进行了深入研究。具体体现在以下三个方面。

(1) 教学目标明确，训练真实场景。以掌握简单系统开发，通过国家等级考试为目标，实训中开发的教学案例系统具有真实性、实用性，还有直接针对国家等级考试的模拟练习，做到与国家等级考试的无缝接轨。

(2) 练习循序渐进，安排阶段测试。根据系统开发步骤，将上机实训划分为 18 个单元，实训的内容由浅入深、由易到难。为及时了解学生的学习状态，我们开发了无纸化作业管理系统，彻底改变了传统纸质作业只能检测学生对知识的了解程度，对操作能力无法了解的弊病，分阶段用无纸化作业测试学生对 VF 基础知识(特别是操作能力)的掌握情况。可以有效激发学生上机实训的积极性，促进实践性教学效果的提高。为此，分别在实训 4、实训 7、实训 10、实训 17 安排了无纸化作业。每次作业的内容与本阶段学习的内容相同，知识性题目为 30%，操作性题目为 70%。这种作业是开放性的，学生可以讨论、查看教材、请教老师。但是每个学生的作业题目是系统随机抽取的，各人不会完全相同，这样就彻底改变了纸质作业题目相同，容易互相抄袭的弊病，鼓励每个学生独立思考、动手操作。实践证明，无纸化作业具有传统作业模式无法比拟的优越性。

(3) 坚持精讲多练，强化教师指导。明确"上机实训"也是教学过程，也要以教师为主导、学生为主体。上机实训时，教师也要适当地"讲"，但是一定要"精"，学生要多练，但要在教师指导下练。在上机实训时，教师更像是运动员的"教练"或战士的"教官"，要讲清楚动作要领，还要亲自做示范动作。特别是前几次实训，学生还不熟悉 VF 环境，教师不仅要讲，还要带领学生一步一步地操作。随着学生逐步熟悉了 VF 环境和操作方法，则逐渐减少讲解和示范。这个过程，可以称为从 Follow Me 到 DIY。

第 3 部分：附录。具有众多附录是本教程的鲜明特色，它们不仅丰富了教学内容，给学生扩大了发展空间，而且反映了本课程最新的网络化、无纸化、自动化教学改革成果，提供了新的教学理念和教学方法。简单介绍如下。

附录 A 给出 Visual FoxPro 常用命令简介，附录 B 给出 Visual FoxPro 常用函数简介，供读者在系统开发时参考。

为贯彻"能力培养和考证取证"并重的教学原则，在实训过程中增加了国家等级考试模拟考题的练习。为此，在附录 C 中简要介绍国家 VF 等级考试模拟考试软件的使用方法。建议教师(读者)从全国计算机等级考试网(WWW.NCRE.CN)下载该软件。在有些实训单元中安排了与教学进度相适应的"国家等级考试模拟题选做"环节，需要用到该软件。

为了转变传统的作业布置、收取和批改方法，充分利用网络条件，我们研究开发了"基于局域网和校园网的 VF 无纸化自动评分作业管理系统"，在附录 D 中，对这个系统的使用方法做了简要介绍。同时在几个实训单元安排了若干次无纸化作业，学生可以通过教室局域网完成、提交作业，查看成绩和存在的问题。如果在课堂未能完成作业或对成绩不满意，还可以在课余时间通过校园网下载作业题目，完成后提交评分，再通过电子邮件向教师报告成绩。

为体现"应用课程需要用应用的手段进行考核"的教学原则，推广考试方法改革，与国家计算机等级考试无缝接轨，我们组织有关教师研制开发了"基于局域网的 VF 无纸化自动评分考试系统"，在附录 E 中对这个系统做了简单介绍。

无纸化作业和网络考试，有利于减少教师批改作业和试卷的负担，教师可专心搞好教学；有利于扭转以"传授知识"为主的传统教学观念，引导教师和学生把教学的重点放到"应用能力"培养上；有利于改进教风和学风，激发教和学两个方面的积极性；有利于与国家计算机等级考试接轨，提高等级考试通过率；有利于减少考试纸张的消耗，降低考试成本，符合建设资源节约型社会的要求。

第 4 部分：教学光盘。本书配套的光盘提供了丰富的教学资源。简单介绍如下。

(1) 电子教案：分为两个目录，分别存放在多媒体教室(简明教程)和在机房上机实训用的教学课件(各有 18 个 ppt 课件)。

(2) 数据环境：分为两个目录，分别存放在多媒体教室(简明教程)和在机房上机实训用的数据环境。根据教学进度，每次所用的数据环境都不相同。

提供数据环境对于保证教学的连续性和渐进性具有重要意义。因为在教学过程中，数据库的创建和应用系统的开发不是一堂课能够完成的，后一次讲课和操作实训是在前一次的基础上进行的。由于学校能够提供的设备条件有限，每次教学和上机实训后的数据库和相关程序文件很难保存。因此，针对每一次上课和上机的不同需要，光盘数据环境都可以提供完整、真实的数据条件，保证教学的顺利进行。

(3) 无纸化作业系统各次作业(单机版)安装软件。这些软件不仅可以直接从光盘上安装运行，也可以发布在校园网上，供学生随时下载运行，完成作业。

(4) VF 无纸化考试模拟系统安装软件。本软件可以供学生进行期中和期末考试的模拟练习。

开发教程+上机实训+多媒体课件+无纸化作业系统+国家等级考试模拟练习+网络考试平台，构成了本教材的新特征。

本教程由杨绍增担任主编，陈道贺担任副主编，多名教师通力合作完成。陈道贺负责实训 7~11，并承担教学光盘部分内容的编写；唐浩负责实训 12、实训 17、实训 18 以及附录 A、附录 B 的资料收集和编写；实训 13~16 由徐鲁菲编写；赵卓编写实训 1~3、附录 C、附录 D 和附录 E；徐鲁辉编写实训 4~6、制作实训电子课件；杨绍增负责本书整体方案设计、绪论、无纸化作业系统、无纸化考试系统开发组织，并完成全书的统稿工作。

主编对未能参加新版编写的原版作者对本书做出的重要贡献表示由衷的敬意。

本书参考了多部优秀 Visual FoxPro 教程和专著，从中获得了许多有益的知识和写作灵感，在此一并表示感谢。

感谢清华大学(母校)出版社的大力支持和悉心指导。鉴于编者水平有限，谬误之处在所难免，恳请读者不吝指正，以便再版时修订。

杨绍增

2014 年 7 月

目　录

高
等
学
校
应
用
型
特
色
规
划
教
材

绪论——教学管理系统的分析和设计

本教材以"教学管理系统"的设计和开发过程为案例,通过一系列上机实训,完成运用 Visual FoxPro 6.0 开发一个简单应用系统的全过程。这里首先给出该系统的分析和设计的要点,作为上机实训的基础和出发点。

一、系统开发目标

作为教学实验性系统,本系统的开发目标是实现教学管理中的部分管理功能,以学生档案管理和教学成绩管理为中心,主要包括相关数据库的设计、基础数据的输入与维护、考试成绩的输入、学生基本情况和成绩的查询、统计报表的生成和打印等。考虑到上机课时的限制,功能模块不能太多,但是要包括各种典型数据库管理系统的主要功能和操作,可以形成一个相对独立的小系统。

将整个系统的开发作为一个应用项目,该项目的名称是:jxgl(教学管理)。

二、代码设计

代码是表达系统中的对象唯一性的标识,例如学号是每个学生的唯一标识。代码一般是存储该对象数据表的主键或主关键字,是其相关联表的外部关键字(副键)。代码设计是系统设计的一项重要内容。本系统代码的设计方案如下。

1. 学号

学号用 10 位数字表示。具体结构及含义如图 1 所示。

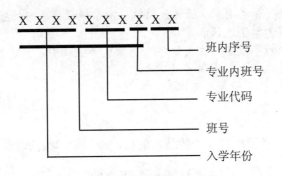

图 1 学号代码结构

从以上结构可以看出,学号是本系统最重要的代码,其中包含了多种信息和其他对象的代码。

2. 课程号

用 4 位数字表示每门课程的编号。例如,1001 代表高等数学。

3. 专业号

用 3 位数字表示每个专业的编号。学号中的 5、6、7 位即是该学生所在专业的代码。

三、数据库设计

系统的所有数据都由一个统一的数据库进行管理，数据库的名字为：jxk(教学库)。数据库中包含若干数据库表，各个表的结构表达如下。

1. 学生表(Xsb)

学生表(见表 1)用于存放学生的基本档案数据，相当于学校的学生档案。但是对其内容进行了精简。

表 1 学生表：Xsb.dbf

字 段 名	类 型	宽 度	小 数 位	索 引	null
学号	字符型	10			
姓名	字符型	8			
性别	字符型	2			
专业	字符型	12			
出生日期	日期型	8			
高考分数	数值型	3	0		
团员	逻辑型	1			
简况	备注型	4			
照片	通用型	4			

说明：　① 为直观和与国家二级考试接轨，本系统数据表中的字段名一律使用汉字，也便于学生理解和掌握。

　　② 粗体的字段名为主关键字，其索引为主索引。

　　③ 索引：指是否为该字段建立索引。

　　④ null：该字段是否可以为"空值"。

2. 课程表(Kcb)

课程表(见表 2)用于存放所有课程的基本信息，类似于学校的教学计划，但更简单。

表 2 课程表：Kcb.dbf

字 段 名	类 型	宽 度	小 数 位	索 引	null
课程号	字符型	4			
课程名	字符型	16			
学分	数值型	1			
开课部门	字符型	16			

3. 成绩表(Cjb)

成绩表(见表3)用于存放所有学生各门课程的期末考试成绩。

表3 成绩表：Cjb.dbf

字 段 名	类 型	宽 度	小 数 位	索 引	null
学号	字符型	10			
课程号	字符型	4			
学期	字符型	1			
成绩	数值型	3	0		

4. 补考成绩表(Bkb)

补考成绩表用于存放各门课程的重修或补考学生的成绩。其结构同成绩表。

5. 临时表(Lsb)

临时表是输入课程期末考试(包括补考)成绩时起中转作用的表，其结构同成绩表。

6. 专业表(Zyb)

专业表(见表4)用于存放学校所有专业的基本信息。

表4 专业表：Zyb.dbf

字 段 名	类 型	宽 度	小 数 位	索 引	null
专业号	字符型	3			
专业名	字符型	12			
科类	字符型	6			
学制	数值型	1	0		
学位	字符型	10			

7. 操作员表(Czy)

操作员表(见表5)用于存放教学管理系统合法操作员的信息，包括姓名、密码等。将来系统运行时，必须先"登录"，核对姓名和密码，否则不允许操作本系统。

表5 操作员表：Czy.dbf

字 段 名	类 型	宽 度	小 数 位	索 引	null
姓名	字符型	8			
密码	字符型	8			

四、系统功能设计

除了构建数据库之外，还必须通过对数据库的各种操作实现管理目标。这些操作就是系统的功能。按照结构化系统设计思想，系统的功能需"自上而下"进行分解，逐步细化。通过对教学管理过程的分析，本系统需要具备以下功能。

1. 基础数据维护

基础数据包括数据库主要数据表中存放的数据，一般属于输入后需要不频繁改变的数据，属于固定或半固定信息。本系统的基础数据包括 Xsb、Kcb、Zyb 中的数据。要求系统能够完成增加、修改、删除等操作，称为"数据维护"，具体包括如下几个方面。

(1) 学生基本信息维护：即对 Xsb 中数据的维护。

(2) 课程数据维护：即对 Kcb 中数据的维护。

(3) 专业数据维护：即对 Zyb 中数据的维护。

(4) 任意选择查询：可以任意选择表和其中的字段查询。

以上功能对任何系统都是必须具备的。

2. 考试成绩输入

本系统输入工作量最大的是各门课程考试成绩的输入，尤其每个学期每个学生期末考试，数据众多，不能单条输入，必须采用高效率的成批输入方法。

具体包括如下方面。

(1) 期末考试成绩输入：即 Cjb 中数据的输入。

(2) 补考或重修成绩输入：即 Bkb 中数据的输入。

实际教学管理中，还有毕业前补考成绩输入，本系统从略。

3. 信息查询

查询功能是所有管理系统都必须具备的功能。提供的查询信息方式越全面，查询越方便，越受欢迎。由于学时和系统规模限制，本系统仅提供有限的查询，但已包括各种主要的查询形式。读者在今后开发其他应用系统时可以"举一反三"。

(1) 学生基本信息查询：包括按班级查询、按专业查询和按姓或名模糊查询。

(2) 成绩查询：包括按学号查询、按班级加课程查询、按专业加课程查询、按分数段查询，查询班级个人最高分、最低分和平均分等。

(3) 考试成绩浏览：可以浏览期末考试成绩或补考成绩。

掌握查询程序的设计，在系统开发过程中是十分重要的。

4. 统计报表打印

打印报表是任何系统都必须具备的基本功能。本系统具有以下报表的打印功能。

(1) 学生个人档案打印：即以标签形式打印学生个人信息。

(2) 班级学生名单表：即按班级打印学生名单。

(3) 专业分组报表：即按专业打印学生分组报表。

(4) 班级课程成绩表：即按班级打印课程考试成绩表。

5. 系统服务

除以上各项功能外，一般系统还应该具备一些服务和维护功能。如新操作员登记、口令修改、系统初始化以及数据备份等。本系统提供以下系统服务与维护功能。

(1) 新操作员登录。

(2) 系统初始化。在系统正式使用前，清除无用的数据，保证数据的正确性。

这两个功能是一般系统都需要的。

通过以上分析可以看出，本系统有 5 项大的功能(第 1 层功能)，每项大的功能又可分解成若干项第 2 层功能，有的第 2 层功能又可分解成若干第 3 层功能等。实际上，这些功能仅仅是教学管理中的一小部分，是真实教学管理的极大简化。整个系统功能组成一棵功能树，其结构如图 2 所示。

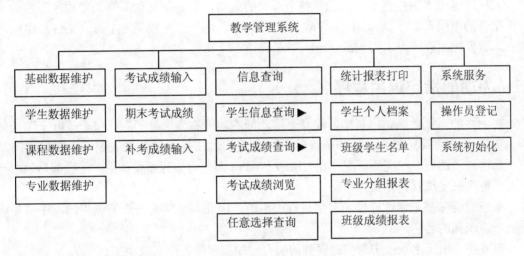

图 2 系统功能结构树

说明： 在上面的系统功能结构图中，带有▶符号的功能还有它的下层功能，展开后如图 3 所示。

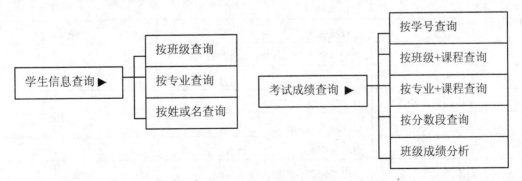

图 3 系统功能结构树子图

这个功能结构树就是系统未来的菜单系统结构。通过建立菜单程序，实现上述功能结构树，从而实现对各项具体功能程序的调用。

6. 两个必要功能

除上述功能外，作为一个应用系统，一般还需要下面这两个功能。

(1) 操作员登录：作为不是一个完全开放的系统，在进入系统之前，一般需要对操作员的身份进行核对和检查。只有通过检查的人员才能进入系统，否则不能进入系统。完成这项任务的程序称为"登录"程序。

(2) 系统封面：作为一个应用系统，就像一本书，必须有一个封面，注明系统名称、作者、开发日期以及必要的版权声明等，这需要一个程序来完成。我们把它称为"封面"程序。

7. 系统主程序

主程序也叫"主控程序"，它是整个系统的入口，也是把其他所有功能程序连接成为一个整体的组织者。在 Visual FoxPro 应用系统中，主程序一般是一个命令文件，即*.prg文件。这里把主程序指定为 Main.prg。

五、为功能指定调用程序名

在上面的系统功能结构树中，没有下层功能的功能称为"叶子"。每个"叶子"功能都需要完成一项或几项具体操作：或输入、或查询、或打印统计报表等。为实现这些功能，都需要"调用"相应的程序。在 Visual FoxPro 面向对象程序设计中，一般都是调用一个表单程序来实现其具体操作。

系统对程序都是通过程序的名字进行调用的。因此，必须为每个被调用的程序事先确定一个系统化的名字。

表6中列出了本系统中为前面提到的所有程序指定的程序名及类型。

表6 "教学管理系统"程序一览表

序号	功能	操作简述	程序名	类型	进度
1	主程序	系统入口，设置系统运行环境，调用其他的程序	**Main**	命令文件	14(14)
2	用户登录	进行操作者身份和密码核对	dl	表单	15
3	系统封面	说明系统名称、作者、版权等信息	fmbd	表单	15
4	系统菜单	实现系统功能树及对下级程序的调用	**xtcd**	菜单	14(14)
5	学生数据维护	对学生表数据的输入、修改、删除等	xswh	表单	7
6	课程数据维护	对课程表数据的输入、修改、删除等	kcwh	表单	(7)
7	专业数据维护	对专业表数据的输入、修改、删除等	zywh	表单	(7)
8	期末考试成绩输入	按班级输入各门课程期末成绩	cjsr	表单	
9	补考成绩输入	输入各门课程补考成绩	bksr	表单	(7)
10	按班级查询学生	查询某班级学生名单	xscx1	表单	16
11	按专业查询学生	查询某专业学生名单	xscx2	表单	(16)

续表

序号	功能	操作简述	程序名	类型	进度
12	按姓或名模糊查询	查同姓或同名的学生	xscx3	表单	
13	按学号查询成绩	查询某学生所有课程成绩	cjcx1	表单	(17)
14	按班级+课程查询	查询某班级某课程成绩	cjcx2	表单	
15	按专业+课程查询	查询专业某课程成绩	cjcx3	表单	16
16	按分数段查询	按分数段查询某课程学生成绩	cjcx4	表单	17
17	班级成绩分析	班级课程考试成绩的最高分、最低分、平均分以及各分数段的人数等	cjcx5	表单	17
18	考试成绩浏览	浏览期末或补考成绩(页框表单)	cjll	表单	17
19	任意选择查询	可以选择任意表和字段查询	xzcx	表单	16
20	学生个人档案	按班级打印学生个人档案	xsbq	表单	(15)
21	班级学生报表	打印某班级学生名单	bjbb	表单	15
22	专业学生分组报表	按专业打印学生分组报表	zybb	表单	(16)
23	班级课程成绩报表	打印班级某门课程成绩单	cjbb	表单	
24	操作员登记	新操作员登记	czydj	表单	(15)
25	系统初始化	系统有关文件恢复初始状态	csh	表单	17

从表 6 中可以看出，整个系统只有一个命令文件(Main.prg)和一个菜单程序(xtcd)，其余都是表单。因此表单设计是最主要的任务。而表单也是最能体现面向对象程序设计的工具。

六、系统整体结构描述

通过上述设计过程，已经完成了对"教学管理"系统的主要分析和设计工作，整个系统的结构和轮廓展现在我们面前。图 4 是对整个系统整体结构的简要描述。

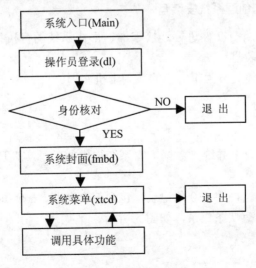

图 4　系统整体结构

七、系统开发步骤

根据结构化系统开发思想和方法，"教学管理系统"的开发步骤如下。

1. 系统需求分析

确定开发项目，进行实地调查，明确用户需求。

2. 数据库设计

根据用户需求进行数据库设计。

3. 系统功能分析与设计

用结构化系统分析和设计方法，进行系统功能分解和设计。

以上 3 个步骤属于系统分析和设计阶段。下面的步骤属于系统实施阶段。

4. 创建项目和数据库

按照设计方案创建项目和数据库、表的结构，同时输入若干用于程序调试的数据。

5. 报表设计

按照用户的需要设计打印报表和标签。

6. 编写主程序和建立系统菜单

在学习和掌握程序设计思想和方法的基础上设计应用系统的主程序和系统菜单，搭建系统的框架。

7. 设计系统的主要操作界面——表单

运用面向对象的程序设计方法，设计应用系统的操作界面——表单。这是系统程序设计工作量最大的部分。

8. 连编项目程序和创建系统安装盘

将以上步骤完成的所有文件进行连接编译，形成系统的可执行文件(*.exe)，然后利用安装向导制作系统的安装盘。

上述开发步骤将具体划分为本书中的系列上机实训。

八、系统基础数据

为了提高上机实训效率并统一数据，本系统提供的教学实训环境中统一提前输入了若干数据。现说明如下。

(1) 学生表(Xsb)数据，共 130 条记录，包含 5 个专业、6 个班级的学生，见表 7。

(2) 课程表(Kcb)，有 7 条记录，如图 5 所示。

表7　根据班级和专业划分学生人数

班　级	专　业	人　数
030561	市场营销	19
030562	市场营销	21
040364	信息管理	28
040371	计算机科学	20
040661	企业管理	16
040761	工业工程	26

(3) 成绩表(Cjb)，已经输入若干门课程的成绩，共 189 条记录。包括 030561、030562、040364 和 040371 四个班级的"高等数学"成绩和 030561、030562 两个班级的"英语"成绩，以及 030562 班的离散数学和哲学的成绩。

(4) 专业表(Zyb)中已经输入的记录如图6所示。

图 5　课程表已有记录　　　　　　图 6　专业表已有记录

(5) 补考表(Bkb)中已经输入的数据包括 010561 班和 010562 班高等数学补考成绩，如图 7 所示。

(6) 操作员表(Czy)中已经输入的记录如图 8 所示。

图 7　补考表已有记录　　　　　　图 8　操作员表已有记录

本教程的教学案例以及所安排的上机实验的程序设计和调试，都是在上述数据的基础上进行的。

实训 1 创建项目、数据库及表(1)

本次实训教学目标：

- 掌握启动和退出 VF 的方法，认识 VF 主窗口的组成。掌握设置"默认目录"的方法。
- 初步了解项目文件的概念和掌握创建项目文件的方法，初步认识项目管理器窗口的组成。
- 初步掌握数据库的概念和创建数据库的方法。
- 初步掌握创建表的步骤和方法。

本次实训需要在完成配套教材第 1 讲的学习后进行。在上课之前，需要将光盘"实训数据环境"文件夹中的"照片"文件夹复制到教师和学生使用的计算机中。

1.1 Visual FoxPro 的启动与退出

1.1.1 Visual FoxPro 的启动

要用 Visual FoxPro 开发数据库应用系统，首先要启动它。作为 Microsoft 公司的产品，Visual FoxPro 的启动方法与 Word 的启动方法一样，有 3 种：

- 在桌面的"开始"菜单的"程序"列表中，找到带"狐狸头"图标的程序 Microsoft Visual FoxPro 6.0，单击该程序，即可启动。
- 如果事先在桌面上创建了启动 Visual FoxPro 的快捷方式，则可以双击该快捷方式的图标启动。
- 如果找到一个用 Visual FoxPro 创建的文件，如项目文件、表等，则可以双击该文件，在启动 Visual FoxPro 的同时打开该文件。

1.1.2 Visual FoxPro 的用户界面

启动 Visual FoxPro 后，即可进入 Visual FoxPro 系统的用户界面窗口，如图 1.1 所示。

Visual FoxPro 的用户界面由标题栏、菜单栏、工具栏、命令窗口、信息窗口以及状态栏组成。下面对每一部分做简要说明，在以后的使用过程中再逐步加深了解。

(1) 标题栏：此处标识所打开窗口的名称，右端有三个控制按钮。

(2) 菜单栏：包含 Visual FoxPro 可进行操作的菜单，它会随操作对象的不同而改变。

(3) 工具栏：由若干个快捷按钮组成，用户还可通过相应的操作显示其他工具栏。

(4) 命令窗口：用户在此窗口可以输入操作命令，完成一定的操作；当用户对菜单或对话框进行操作时，也会在此显示系统所生成的相应命令。

(5) 信息窗口：用户操作结果的显示窗口。

(6) 状态栏：显示当前的工作状态。

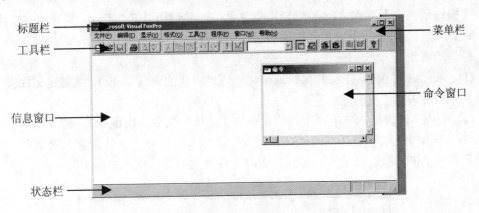

图 1.1　Visual FoxPro 系统的用户界面

1.1.3　Visual FoxPro 的三种工作方式

Visual FoxPro 有三种工作方式。

- **菜单方式**：利用菜单或工具栏进行操作，与 Word 相同，这种方式最简单。
- **命令方式**：在命令窗口直接输入命令进行交互式操作。这种方式需要学习和记忆相关的命令和语法。
- **程序方式**：利用各种生成器自动产生程序，或者自己编写程序，然后执行程序。

前两种方式都属于交互式操作，简单而且可以立即得到结果。后一种方式需要掌握编写程序的方法和技巧，但是一旦编写好程序，就可以反复执行，从整体效果看，第三种工作方式效率比较高。

要为客户开发数据库应用系统，必须使用第三种工作方式。

1.1.4　设置系统默认目录

1. 设置系统默认目录的意义

在使用 VF 对数据库和表进行操作(如打开、修改等)时，系统要求被操作的数据库和表都存放在"默认目录"(也可称为当前目录)中，否则就会出现错误信息。

启动 VF 后，系统的默认目录是其可执行文件(vfp98.exe)所处的文件夹，如果我们要操作的数据库和表不在此文件夹中，就需要将数据库等文件所在的文件夹设置为系统的"默认目录"(或称为当前目录)，才能方便地打开与保存文件。

例如我们教学案例的项目、数据库和表都存放在"E:\教学管理"文件夹中，就需要将该文件夹设置为默认目录。

因此，无论是参加国家计算机等级考试、完成作业还是使用 VF 开发应用系统，都必须在启动 VF 后首先设置要操作的目录为默认目录(非常重要)。

有多种设置默认目录的方法，先介绍以下两种。

2. 使用"工具"菜单设置默认目录

【操作示范 1】创建"E:\教学管理"文件夹，并使用 VF"工具"菜单将"E:\教学管理"设置为默认目录(因为以后我们的教学案例就存放在这个目录中)。

操作步骤如下。

(1) 若已启动 VF，先将其窗口最小化，通过"我的电脑"在 E 盘创建文件夹"教学管理"。然后关闭"我的电脑"。

(2) 恢复 VF 窗口，单击"工具"菜单的"选项"命令，出现"选项"对话框。

(3) 单击"选项"对话框的"文件位置"选项卡，打开"文件位置"对话框，在文件类型列表中单击"默认目录"，打开"更改文件位置"对话框，如图 1.2 所示。

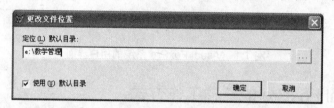

图 1.2　设置默认目录的对话框

(4) 单击"更改文件位置"对话框下面的复选框按钮，然后在"定位(L)默认目录"下面的文本框中输入"E:\教学管理"，连续单击"确定"按钮关闭对话框，即可完成设置。

3. 使用命令设置默认目录

使用命令设置默认目录更加简洁，其命令格式是：

SET DEFAULT TO <默认目录名>

【操作示范 2】用命令将"E:\教学管理"设置为默认目录。

在命令窗口输入以下命令并按 Enter 键，即可设置默认目录：

SET DEFA TO E:\教学管理

1.1.5　Visual FoxPro 启动与设置默认目录操作练习

【操作练习 1】请学生先创建文件夹"E:\教学管理"，再启动 Visual FoxPro，观察操作窗口的组成，使用两种方法设置"E:\教学管理"为默认目录。

操作步骤提示：参照前面的"操作示范 1"和"操作示范 2"。

1.1.6　Visual FoxPro 的退出

Visual FoxPro 有 4 种退出方法：

- 单击标题栏右端的"关闭"按钮。
- 在"文件"菜单中选择"退出"命令。
- 单击标题栏左端的"狐狸头"图标，从显示的下拉菜单中选择"关闭"命令。
- 在命令窗口键入命令"QUIT"，并按 Enter 键。

1.2　"项目"的创建及项目管理器的使用

1.2.1　项目和项目管理器的概念

1. 项目

一个项目就是一项具体的应用，如我们要开发的教学案例"教学管理系统"就是一个项目。

创建一个应用系统首先要创建项目，同时也创建这个项目的项目管理器。

项目是 Visual FoxPro 的一种重要的文件类型，它的扩展名为".pjx"。项目名称就是它的文件名。例如，我们把"教学管理系统"这个项目定名为"jxgl"，即"教学管理"的拼音缩写。

2. 项目管理器

管理项目的软件界面也称"项目管理器"，是 Visual FoxPro 最重要的开发平台和控制中心。它的主要功能有两个。

(1) 用可视化的方法组织和处理一个项目的数据库、表、表单、报表、菜单、程序等一切文件资源，实现对文件的创建、修改、删除等操作。

(2) 在项目管理器中，可以将应用程序编译成一个扩展名为".app"的应用文件或扩展名为".exe"的可执行文件。

项目管理器类似于 Windows 的资源管理器，并且功能更强大。

建立项目文件后，所有的后续开发工作都能够在项目管理器中很方便地进行。因此，必须熟练掌握并善于运用项目管理器进行系统开发。

1.2.2　创建项目和项目管理器

【操作示范 3】在"E:\教学管理"文件夹中创建"教学管理系统"的项目文件，以 jxgl 为文件名存盘。

可以通过下列步骤创建项目和项目管理器。

(1) 在"文件"菜单中，选择"新建"命令，打开"新建"对话框，选择"项目"，如图 1.3 所示，单击"新建文件"按钮，打开"创建"对话框。

(2) 在"创建"对话框的"保存在"下拉列表框中选择"E:\教学管理"文件夹，在"项目文件"后面输入项目名称"jxgl"，如图 1.4 所示，单击"保存"按钮，即完成项目的创建。

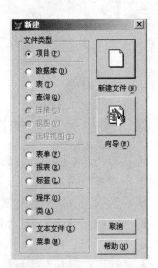

图 1.3　创建项目

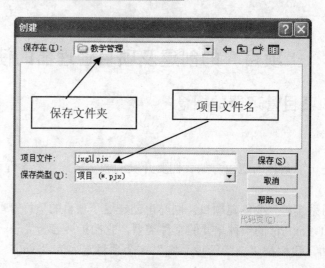

图 1.4　创建并保存项目文件

　　此时，系统已为这个项目创建了一个项目管理器，如图 1.5 所示。该项目管理器被打开并出现在屏幕的左上角。

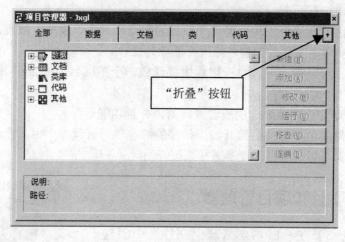

图 1.5　"Jxgl"项目管理器

1.2.3　项目管理器的选项卡

　　项目管理器是整个开发项目所有文件资源的管理中心，它有 6 个文件选项卡，分别管理如下不同类型的文件。

- 数据：分层次管理数据库、表、视图和连接等。
- 文档：管理表单、报表和标签。
- 类：用户自己设计的对象类。
- 代码：包括三类程序文件。
- 其他：包括菜单文件等。
- 全部：同时显示所有文件。

注意：　项目管理器在显示各类文件时，如果选定某文件，会在下面同时显示这个文件的路径和说明。对于其中的说明，用户可以用快捷菜单进行编辑。各种选项卡的应用以后再逐步熟悉。

1.2.4　项目管理器的功能按钮

项目管理器右侧有若干功能按钮，在选择不同文件时会有所不同。其主要按钮及功能如下。

- 新建：用来新建各类文件，建立后自动添加到项目管理器中。
- 添加：把用其他方式创建的文件加入到项目管理器中。
- 修改：修改已经存在的文件。
- 移去：把某文件移出项目管理器(只移出项目或彻底删除)。
- 连编：连编一个项目和应用程序。

1.2.5　创建项目管理器的练习

【操作练习 2】请学生练习创建项目管理器 JXGL.PJX，保存地址为"E:\教学管理"。然后观察项目管理器的组成和按钮。

操作步骤提示：参照"操作示范 3"。

1.3　数据库的创建

1.3.1　基本概念

Visual FoxPro 的数据库是一个逻辑概念。它是一个容器或框架，可以存放一系列数据库对象，如表、视图等。

数据库文件名的扩展名为".dbc"，在需要时会自动建立扩展名为".dct"的数据库备注文件和一个扩展名为".dcx"的数据库索引文件。刚建立的数据库只是定义了一个空的数据库。必须在数据库中建立数据表后，才能存放和操作数据。

1.3.2　创建数据库的方法

有三种方法可以建立数据库：

- 在项目管理器中建立数据库。
- 通过"新建"对话框建立数据库。
- 使用命令建立数据库。

在前两种创建方式中，系统都提供了"数据库向导"，但根据作者的经验，向导中提供的数据库模板并不一定适用，故不推荐使用模板。

作为初次接触，我们使用第 1 种方法，即在项目管理器中建立数据库。

【操作示范 4】在当前打开的项目管理器中创建名为 Jxk 的空白数据库。观察数据库

的内部结构，并练习关闭和打开数据库。

具体步骤如下：在项目管理器中选择"数据"选项卡，再选择"数据库"，然后单击"新建"按钮，系统启动新建数据库对话框，单击"新建数据库"按钮，在"创建"对话框的"数据库名"中输入数据库名"Jxk"，单击"保存"按钮，即完成数据库的创建。得到如图 1.6 所示的"数据库设计器-Jxk"窗口。此时可以看到的数据库是一个"空库"，还没有任何表和视图等数据文件。

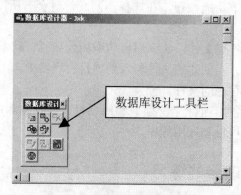

图 1.6   "数据库设计器-Jxk"窗口

我们可以通过"数据库设计工具栏"中的相应按钮，在数据库中进行新建、修改或移出表等各种操作。

也可以关闭该数据库设计器，回到项目管理器中，再进行上述操作。

1.3.3   创建数据库操作练习

【操作练习3】请学生练习在当前项目管理器 JXGL.PJX 中创建空白数据库 Jxk，观察数据库的内部结构，并练习关闭和打开数据库。

操作步骤提示：参照"操作示范 4"。

1.4   数据库中数据表结构的创建与数据输入

1.4.1   表的概念

表是 Visual FoxPro 存储数据的文件，可分为数据库表和自由表两种，数据库表是存在于某个数据库中的表，例如在本课程教学实例"教学管理系统"的数据库(Jxk)中就有多个表(Xsb、Kcb 和 Cjb 等)，数据库表具有一系列优点。如：可以使用长表名和长字段名；可以为字段指定标题和添加注释；可以为字段指定默认值和输入掩码；可以规定字段级规则和记录级规则；支持主关键字、参照完整性和表之间的联系，支持 SQL 的 Insert、Update 和 Delete 事件触发器的定义。自由表则是不属于任何数据库的表。

从关系模型的角度讲，一个表就是一个关系。如图 1.7 所示就是我们首先要建立的一个表，它是教学管理系统案例中数据库 Jxk 中的 Xsb。

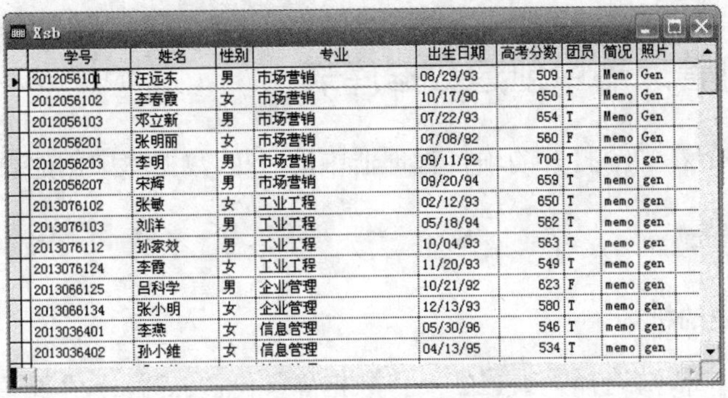

Xsb

学号	姓名	性别	专业	出生日期	高考分数	团员	简况	照片
2012056101	汪远东	男	市场营销	08/29/93	509	T	Memo	Gen
2012056102	李春霞	女	市场营销	10/17/90	650	T	Memo	Gen
2012056103	邓立新	男	市场营销	07/22/93	654	T	Memo	Gen
2012056201	张明丽	女	市场营销	07/08/92	560	F	memo	Gen
2012056203	李明	男	市场营销	09/11/92	700	T	memo	gen
2012056207	宋辉	男	市场营销	09/20/94	659	T	memo	gen
2013076102	张敏	女	工业工程	02/12/93	650	T	memo	gen
2013076103	刘洋	男	工业工程	05/18/94	562	T	memo	gen
2013076112	孙家效	男	工业工程	10/04/93	563	T	memo	gen
2013076124	李霞	女	工业工程	11/20/93	549	T	memo	gen
2013066125	吕科学	男	企业管理	10/21/92	623	F	memo	gen
2013066134	张小明	女	企业管理	12/13/93	580	T	memo	gen
2013036401	李燕	女	信息管理	05/30/96	546	T	memo	gen
2013036402	孙小雒	女	信息管理	04/13/95	534	T	memo	gen

图 1.7　Xsb 表

从图 1.7 中可以看出，每个表都可以分为两个部分：即表的结构(也称为表头)和记录(也称为表体)。表的结构规定了表由哪些字段组成，以及每个字段的数据类型和宽度；记录则是表中保存的数据内容。表 1.1 是对 Xsb 结构的详细描述，它是创建表的主要依据。

表 1.1　Xsb.dbf 的结构

字 段 名	类　型	宽　度	小 数 位	索　引	null	标　题
学号	字符型	10				
姓名	字符型	8				
性别	字符型	2				
专业	字符型	16				
出生日期	日期型	8				
高考分数	数值型	3	0			
团员	逻辑型	1				
简况	备注型	4				
照片	通用型	4				

创建表时首先要建立表的结构，然后输入记录。

1.4.2　创建表的方法

同创建数据库相似，数据库表也有多种创建方法：

- 在项目管理器中创建，这是首选。
- 通过“文件”菜单中的“新建”命令创建。
- 在数据库设计器中创建。
- 以命令方式创建。

在前 3 种创建方式中，系统也都提供了“向导”。但根据作者的经验，“向导”中提供的模板并不一定适用，故不推荐使用模板。本节首先学习和练习如何在项目管理器中创建表并输入记录。

1.4.3 在项目管理器中创建数据库表

【操作示范 5】在当前打开的项目管理器中的 Jxk 数据库中创建表 Xsb，并且输入 1 条记录。

操作步骤如下。

1. 创建 Xsb 表的机构

在项目管理器中依次选择"数据"→"数据库"→"Jxk"→"表"，单击"新建"→"新建表"，在"创建"对话框中输入文件名"Xsb"，单击"保存"按钮，即可打开表设计器，如图 1.8 所示。

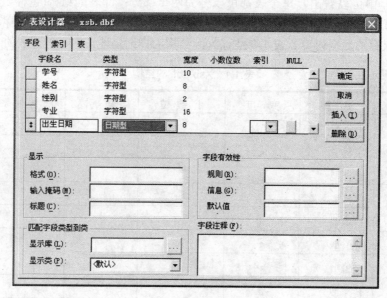

图 1.8 表设计器

数据库表设计器有 3 个选项卡："字段"、"索引"和"表"。建立表的结构主要使用"字段"选项卡，其他两个选项卡暂不使用。

我们按照表 1.1 的数据逐一输入 Xsb 的各字段，确定宽度等参数，即可建立表的结构。下面对主要的输入项目进行简要的介绍。

(1) 字段名：必须以字母或汉字开头，最长可为 128 个字符(64 个汉字)。

(2) 类型：从下拉列表框中选择。

(3) 宽度：用微调按钮选择或直接输入数字。有的数据类型为固定宽度，由系统确定，如日期型为 8，逻辑型为 1。

(4) 小数位数：只有数值型有小数位数。

(5) 索引：是否以该字段建立索引。暂不考虑。

(6) NULL：是否允许为"空"(其值为.NULL.)。暂不考虑。

(7) 格式：指该字段在浏览窗口、表单或报表中显示数据的式样。比如是否大小写，是否加货币符号等。

高等学校应用型特色规划教材

(8)　输入掩码：用来限制或控制用户输入数据的格式。如学号字段是 10 位的数字字符，则指定它的掩码为"9999999999"，其中"9"表示输入时必须为数字。

(9)　标题：如果字段名不是汉字，可以在标题处写汉字，该字段在运行时可以显示为汉字标题。

(10) 规则：指进行字段操作时有效性检查的规则，以保证字段输入正确。一般为一个条件表达式。如"性别"只能是"男"或"女"，则其规则可以表示为：

性别 = '男' .or. 性别 = '女'

(11) 提示信息：当输入违反有效性规则时显示的提示信息。如当"性别"输入的不是"男"或"女"时，系统可以显示：

性别只能是男或女！

(12) 默认值：即在没有对字段输入数据时系统所赋予字段的默认值。

(13) 显示库：为字段指定库的路径和文件名。

(14) 显示类：为字段指定默认的控件类，如不指定，系统使用默认的控件类。

(15) 字段注释：为用户提供字段的解释性信息，增加可读性。

以上各项并非对每个字段都必须输入，用户可根据需要选择。但前 4 项必须输入。

需要提醒：在输入字段的数据时，不要按 Enter 键！否则系统认为已经输入完毕，会自动退出。

2. 输入记录

当把 Xsb 所有字段的数据都输入后，单击"确认"按钮，系统即提示"是否现在要输入记录值？"，回答"是"，即可进入记录输入界面，如图 1.9 所示。

图 1.9　记录输入界面

在逐条输入准备好的学生表数据时，需要注意如下几点。

(1)　出生日期：必须用正确的日期格式，系统默认格式是"月月/日日/年年"。

(2)　团员：只需输入 y, t 或 n, f 之一，不区分大小写。

(3)　简况：双击 memo 进入如图 1.10 所示的输入界面，输入该学生的简况后关闭。

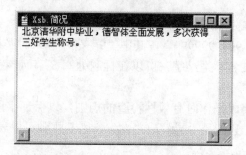

图 1.10　备注型字段的输入窗口

(4) 照片：事先需要采集这些学生的电子照片并以".bmp"位图格式存盘。输入时双击 gen，即可进入照片粘贴界面，将准备好的照片文件粘贴上，我们从事先准备好的"照片"文件夹中选取学生的照片，如图 1.11 所示。

图 1.11　通用字段粘贴窗口

如果现在没有照片或缺少某些数据，也可以以后再输入。

记录输入结束，可关闭输入窗口，或按 Ctrl+W 组合键存盘。按 Ctrl+Q 组合键则将放弃存盘并退出输入窗口。

1.4.4　在项目管理器中创建数据库表的练习

【操作练习 4】请学生练习在当前项目管理器的空白数据库 Jxk 中创建 Xsb 并输入至少两条记录。

操作步骤提示：请参照"操作示范 5"。

1.5　综　合　练　习

【操作练习 5】请学生按照以下要求进行综合练习。

(1) 关闭当前的表和项目管理器，并退出 Visual FoxPro 系统。创建文件夹"C:\企业管理"。

(2) 重新启动 Visual FoxPro，设置"C:\企业管理"为默认目录。

(3) 创建"销售管理"项目，保存到"C:\企业管理"文件夹中。

(4) 在当前项目管理器中创建空白数据库，以"POS"为名保存。

(5) 在"POS"数据库中建立"商品"表，其结构按照表 1.2 中的数据创建。

表1.2 "商品"表的结构

字 段 名	类 型	宽 度	小 数 位	索 引	null	标 题
商品编号	字符型	4				
商品名称	字符型	16				
单价	数值型	7	2			
数量	整型	4	0			
生产厂	字符型	20				

(6) 至少输入两条记录,具体数据自己设计。

1.6 习 题

1. 思考题

(1) 建立项目的意义是什么?

(2) 项目管理器包含哪几个选项卡?

(3) 创建数据库有几种方法?

(4) 如何输入备注型和通用型(照片)字段的数据?

2. 选择题

(1) 项目管理器的"数据"选项卡用于显示和管理( )。

 A. 数据库、程序和查询   B. 数据库、自由表和查询

 C. 数据库、视图和查询   D. 数据库、自由表、查询和视图

(2) 项目管理器的"文档"选项卡用于显示和管理( )。

 A. 表单、报表和标签   B. 数据库、表单和查询

 C. 表单、报表和查询   D. 查询报表和视图

(3) 向通用字段粘贴照片时,扫描照片存盘的文件类型应该是( )。

 A. .GIF   B. .MP3   C. .BMP   D. .MAV

(4) 项目文件的类型应该是( )。

 A. .pjx   B. .ppt   C. .dbc   D. .dbf

(5) 数据库文件的类型应该是( )。

 A. .pjx   B. .ppt   C. .dbc   D. .dbf

(6) 表文件的类型应该是( )。

 A. .pjx   B. .ppt   C. .dbc   D. .dbf

(7) 一个字段的数据类型是"整型",其宽度为4,其意义是该字段( )。

 A. 只能输入4位整数   B. 只能输入小于4位的整数

 C. 只能输入大于4位的整数   D. 所占用的字节数为4

2. 填空题

(1) 将 "C:\企业管理" 设置为默认目录的命令是_____。

(2) 日期型字段的宽度是_____，备注型字段的宽度是_____，逻辑性字段的宽度是_____。

(3) 字符型字段的宽度不能大于_____。

(4) 新建表首先要创建表的_____，再输入_____。

实训 2　创建项目、数据库及表(2)

本次实训教学目标：
- 掌握打开项目和数据库的方法。
- 初步掌握操作数据的基本命令格式和使用方法。
- 初步掌握在数据库中创建表、移出和添加表的方法。
- 初步掌握使用 SQL 命令创建表的方法。

本次实训需要在完成配套教材第 2 讲的学习后进行，数据库环境可以下载配套光盘目录(或教师提供的共享文件目录)中的教学管理压缩文件到 E 盘根目录，并解压释放到当前文件夹。

2.1　打开项目文件

2.1.1　打开项目文件的方法

项目文件是 VF 最顶层的文件，它代表一项具体的应用。一个项目不可能一次就完成，所以第二次继续进行这个项目的开发时，就要首先打开这个项目文件，就像我们上班时首先要打开办公室一样。

我们要开发的教学案例"教学管理系统"就是一个项目。我们已经建立了项目文件(JXGL.PJX)和数据库(Jxk)和表(Xsb)，但是还远远没有完成整个项目开发的所有工作。所以每次上课之前，首先要打开项目文件，才能继续下面的工作。

需要说明的是，如果上次退出 VF 时未关闭项目管理器，则再次启动 VF 时系统会自动打开上次未关闭的项目文件，即系统有记忆功能。

打开项目文件主要有以下两种方法。

(1) 启动 Visual FoxPro，然后使用"文件"菜单中的"打开"命令打开项目文件。

(2) 先通过"我的电脑"找到要打开的项目文件，然后双击项目文件图标，即可在启动 VF 的同时打开项目文件。这种方法的最大优点是快捷，且同时设置了默认目录，一举两得，是作者推荐的最佳方法。

2.1.2　打开项目文件练习

【操作示范 1】使用两种方法打开"E:\教学管理"文件夹中的项目文件 JXGL.JPX，并观察已经建立的数据库和表。

操作步骤如下。

(1) 第一种方法：首先启动 Visual FoxPro，然后单击"文件"菜单中的"打开"命令，在"打开"对话框中查找到"E:\教学管理"中的 jxgl.pjx 文件，单击"确定"按钮。

如图 2.1 所示。

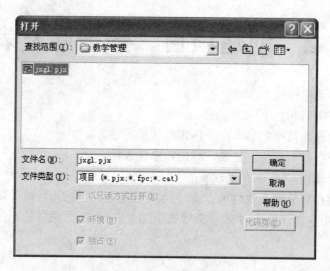

图 2.1 打开项目文件

(2) 双击"我的电脑"图标,在 E 盘中打开"教学管理"文件夹,查找 jxgl.pjx 文件并双击它的图标,即可打开。

(3) 打开项目管理器后,单击"数据"选项卡,逐层展开,即可看到数据库 Jxk 下面的 Xsb 表。这些就是我们上次创建的所有文件成果,系统已经保存起来。

【操作练习 1】使用两种方法打开"E:\教学管理"文件夹中的项目文件 JXGL.JPX,并观察已经建立的数据库和表(要求在 5 分钟之内完成)。

操作提示:请参看"操作示范 1"的操作步骤。

2.2 打开数据库

数据库是 VF 系统中项目文件下面第二层的文件,如果说项目(管理器)是办公室,数据库就是存放数据的仓库,而数据就是以表的形式存放在数据库中的。

数据库又可分为两类,一类是归某个项目管理的数据库,另一类是不归项目管理的数据库。

打开数据库,就可以对数据库中的对象(表和视图)进行可视化的操作和管理。

有 4 种方法可以打开数据库:

● 在项目管理器中隐性打开数据库。
● 在项目管理器中显式打开数据库。
● 通过"打开"对话框打开数据库。
● 使用 VF 命令打开数据库。

前两种方式只适用于项目管理器中的数据库,后两种方法适用于所有的数据库。

【操作示范 2】分别使用 4 种方法打开 Jxk,并观察数据库管理器的组成。

操作步骤如下。

(1) 在项目管理器中隐性打开数据库。

在项目管理器中选择"数据"选项卡，再选择"数据库"，然后单击"Jxk"前面的加号，可以看到"表"和"视图"，单击"表"前面的加号，可以看到"Xsb"。这就是隐性打开了数据库，可以对数据库中的对象进行各种操作了，如图2.2所示。

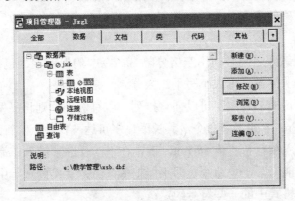

图 2.2　隐性打开数据库

(2) 在项目管理器中显式打开数据库。

在项目管理器中选择"数据"，选择"数据库"下的"Jxk"，单击"修改"按钮，即可显式打开 Jxk 的"数据库设计器"，如图2.3所示。

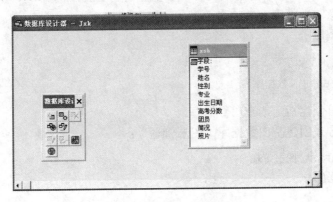

图 2.3　显式打开数据库

可以看到打开的数据库就像一个仓库，里面有我们前面建立的 Xsb，还有一个工具栏，使用这个工具栏可以进行各种操作，如建立新表等，还可以使用表对象的快捷菜单进行各种操作。可以使用标题栏的按钮关闭数据库。

(3) 使用"打开"菜单打开数据库。

在计算机等级考试的题目中，有时只有数据库而没有项目文件，可以使用"打开"菜单打开数据库。前提是需要知道数据库的名字和保存地址。

单击"文件"菜单的"打开"命令，在"打开"对话框中首先确定"文件类型"为"数据库.dbc"，然后在"查找范围"后面查找数据库所在文件夹，再选定要打开的数据库名"Jxk"，最后单击"确定"按钮，即可打开数据库。

(4) 使用 VF 命令打开数据库。

使用命令操作是 VF 的三大工作方式之一。要学好 VF，必须逐步掌握 VF 的命令格式和使用方法，在此基础上再逐步学习编写程序。

使用命令就是在命令窗口用键盘输入一条 VF 命令，然后按 Enter 键，系统即可根据输入的命令要求执行，给出执行的结果。如果输入的命令有错误，系统就会给出错误提示，要求重新输入正确的命令。为正确使用 VF 的命令，下面首先对本书中出现的命令格式进行说明。

① 命令中的各部分之间必须用空格分隔。命令中的保留字，包括函数名都可以简写为前 4 个字母，其中的英文字母大小写不加区分。

② 命令中各子句的书写次序可以任意排列，若有例外，则将另做说明。

③ Visual FoxPro 中的一条命令，其长度最多可达 8192 个字符。若一行写不下，则可在本行的结束处键入续行符";"按 Enter 键，在下一行继续键入该命令其余的部分。

④ 每行最多只能书写一条命令，即不能把多条命令写在同一行中。

⑤ 命令或函数格式中的一些符号约定：

- | 表示用该符号分隔的两项只选其一。
- [ ]   表示用"[ ]"括起来的内容是可选项。
- < >   表示"< >"部分应该由用户定义。
- ...   表示"..."以前的内容可以重复出现多次。

下面介绍几条与数据库有关的命令。

(1) 创建数据库

格式：

```
CREATE DATABASE <数据库名>
```

使用该命令可创建指定的空白数据库。

例如用命令方式创建空白数据库"图书管理"：

```
CREATE DATABASE 图书管理
```

(2) 打开数据库

格式：

```
OPEN DATABASE <数据库名> [EXCLUSIVE][SHARED]
```

使用该命令可打开指定的数据库，打开方式由各短语确定。其中，EXCLUSIVE 是以独占的方式打开数据库，SHARED 则以共享的方式打开数据库。

例如用命令方式打开图书管理数据库的命令是：

```
OPEN DATABASE 图书管理
```

(3) 修改数据库(即打开数据库设计器)

格式：

```
MODIFY DATABASE <数据库名> [NOEDIT]
```

打开指定数据库的设计器，以便进行修改。如果选用 NOEDIT 短语，则只打开数据库设计器，但不允许修改。

例如用命令方式打开图书管理数据库设计器的命令是：

```
MODIFY DATABASE 图书管理
```

(4) 关闭数据库

格式：

```
CLOSE DATABASE [ALL]
```

关闭当前打开的数据库，若选用 ALL 短语，则关闭所有数据库。

【操作练习 2】请学生分别使用 4 种方法打开 Jxk，并观察数据库管理器的组成。最后使数据库(Jxk)处于显式打开状态。

操作步骤提示：可参考“操作示范 1”和“操作示范 2”。

(在 15 分钟之内完成)

2.3　用其他方法创建表

2.3.1　在数据库中创建表

在打开的数据库中，可以使用数据库设计器工具栏或快捷菜单创建新表。

【操作示范 3】在打开的 Jxk 数据库设计器中创建 Kcb。表的结构如表 2.1 所示，按照图 2.4 中的数据输入两条记录。

表 2.1　Kcb.dbf (课程表)

字段名	类型	宽度	小数位	索引	NULL
课程号	字符型	4		▲	
课程名	字符型	16			
学分	数值型	1			
开课部门	字符型	16			

课程号	课程名	学分	开课部门
1001	高等数学	4	基础部
1002	英语	4	外语系
1003	计算机基础	3	计算机系
1005	C语言	4	计算机系
1008	VF数据库	4	计算机系
1009	离散数学	3	数学系

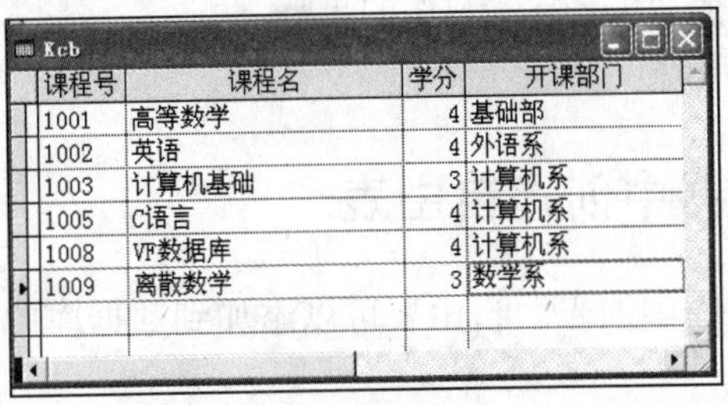

图 2.4　Kcb(课程表)记录

操作步骤如下。

(1) 在打开的 Jxk 数据库管理器中，单击其工具栏中的“新建表”按钮，出现“新建

表"对话框，单击"新建表"按钮，出现"创建"对话框，在"保存在"下拉列表框中选择"E:\教学管理"文件夹，在"输入表名"文本框中输入"kcb.dbf"，如图2.5所示。

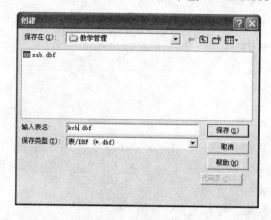

图 2.5　创建 Kcb

(2) 单击"保存"按钮，打开表设计器，按照表2.1输入表的结构，如图2.6所示。

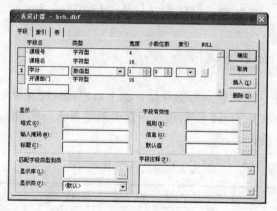

图 2.6　创建 Kcb 表的结构

(3) 按照图2.4输入两条记录。

【操作练习3】请学生在打开的 Jxk 数据库设计器中创建 Kcb。表的结构如表2.1所示，按照图2.4中的数据输入至少3条记录。

操作步骤提示：请参照"操作示范3"的步骤。

(请在10分钟之内完成)。

2.3.2　在项目管理器中创建自由表

自由表就是不在数据库中的表。自由表可以添加到数据库中，数据库中的表也可以移出数据库成为自由表。

【操作示范4】在打开的 Jxk 数据库设计器中创建自由表 Cjb。表的结构如表2.2所示，按照图2.7中的数据输入两条记录。

表2.2 Cjb.dbf(成绩表)

字 段 名	类 型	宽 度	小 数 位	索 引	NULL
学号	字符型	10		▲	
课程号	字符型	4		▲	
学期	字符型	1			
成绩	数值型	3	0		

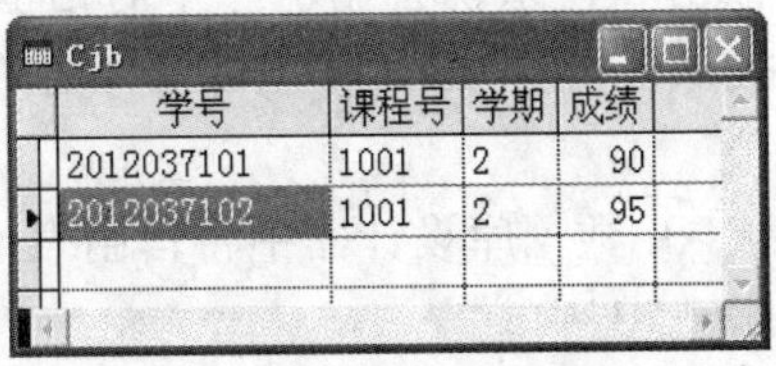

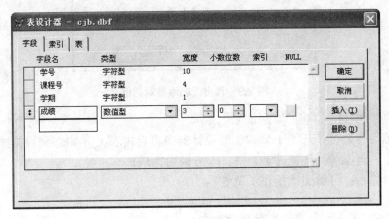

图2.7 Cjb(成绩表)记录

操作步骤如下。

(1) 在打开的 Jxk 数据库管理器中选择"数据"对象中的"自由表",单击其工具栏的"新建"按钮,出现"新建表"对话框,单击"新建表"按钮,出现"创建"对话框,在"保存在"后面选择"E:\教学管理"文件夹,在"输入表名"后面输入"kcb.dbf"。

(2) 单击"保存"按钮,打开表设计器,按照表2.2输入表的结构,如图2.8所示。

图2.8 创建 Cjb(成绩表)的结构

(3) 按照图2.4输入两条记录。

从图 2.8 可以看到,自由表的设计器没有数据库表设计器的下面部分。即不能设置输入掩码、有效性规则和默认值等。体现了自由表与数据库表的区别。

【操作练习4】请学生在打开的 Jxk 数据库设计器中创建自由表 Cjb。表的具体结构如表2.2所示,按照图2.7中的数据输入两条记录(在 10 分钟之内完成)。

操作提示:可参照"操作示范4"。

2.3.3　向数据库导入自由表

可以把自由表导入数据库，使之成为数据库表。反之，也可以把数据库表移出数据库，使之成为自由表。

(1) 把自由表导入数据库：依次选择"数据"→"表"→"添加"，从表的列表中选择要导入的一个自由表，单击"确认"按钮。

(2) 把数据库表移出数据库：依次选择"数据"→"数据库"，展开"表"，从列表中选择要移出的表，单击"移出"，系统会显示一个对话框，选择"移出"即可(如果选择"删除"，则直接从磁盘彻底删除该表)。移出的表不在项目管理器中，但仍在原来的文件夹中。

【操作示范 5】在打开的 Jxk 数据库设计器中将自由表 Cjb 添加到数据库 Jxk 中，然后移出数据库，再添加到数据库 Jxk 中。

操作步骤如下。

(1) 依次选择"数据"→"Jxk"→"表"→"添加"，从表的列表中选择要导入 Cjb，单击"确认"按钮。

(2) 依次选择"数据"→"数据库"→"Jxk"→"表"→"Cjb"，单击"移出"按钮，系统弹出的对话框如图 2.9 所示，单击"移去"按钮即可。

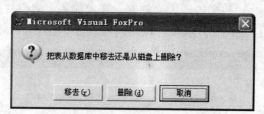

图 2.9　移出或删除表对话框

(3) 重复步骤(1)，再将 Cjb 添加到数据库中。

【操作练习 5】在打开的 Jxk 数据库设计器中将自由表 Cjb 添加到数据库 Jxk 中，然后移出数据库，再添加到数据库 Jxk 中。(5 分钟内完成)

操作步骤提示：可参照"操作示范 5"。

2.3.4　用 SQL 命令创建表的结构

前面介绍的创建表结构的方法都需要启动表设计器，用交互方式逐个输入字段的属性。能否用更快捷的方法建立表的结构呢？回答是肯定的。这就是用 SQL 命令。

SQL 是一种通用的关系数据库操作语言，它的许多命令可以直接在 Visual FoxPro 系统中应用。

SQL 创建表结构的命令格式如下：

```
CREATE TABLE <表名> (字段属性描述)
```

该命令直接创建指定名称的表的结构，各字段的名称、类型、宽度等与括号中的描述相同。如果此时有打开的数据库表，则建立的是数据库表，否则是自由表。

【操作示范 6】使用 SQL 命令创建 Czy(操作员)表的结构。表的结构如表 2.3 所示，创建后输入记录。如果新建的表不在项目的数据库中，请把它添加到数据库中，然后选择该表，单击"修改"按钮查看它的结构是否正确。最后把创建表的 SQL 命令保存到文本文件"保存命令.txt"中。

表 2.3　Czy.dbf(操作员表)

字 段 名	类　型	宽　度	小 数 位	索　引	NULL
姓名	字符型	8			
密码	字符型	8			

操作步骤如下。

(1)　在命令窗口输入以下命令并回车：

```
CREATE TABLE CZY (姓名 C(8),密码 C(8))
```

(2)　在项目管理器中发现 Czy 表已经在数据库中，选择该表，单击"修改"按钮，即可看到它的结构，如图 2.10 所示。

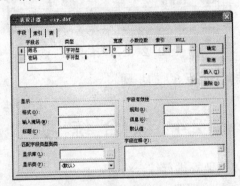

图 2.10　查看 Czy 表的结构

关闭表设计器窗口，单击"浏览"按钮，单击"表"菜单中的"追加新记录"命令，输入一条记录(1001,88888888)，关闭浏览窗口。

选择"文件"→"新建"菜单命令，在新建对话框中选择"文本文件"，打开文本文件编辑窗口，然后把命令窗口中创建表的命令复制到文本文件窗口中，如图 2.11 所示。关闭并保存文本文件为"保存命令.txt"。

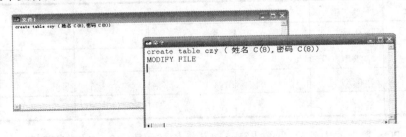

图 2.11　用文本文件保存命令

【操作练习 6】请学生使用 SQL 命令创建 Zyb(专业表)表的结构。表的结构如表 2.4 所示，再按图 2.12 输入若干条记录。最后把创建表的 SQL 命令保存到文本文件"保存命令.txt"中。

表 2.4 专业表 Zyb.dbf

字 段 名	类 型	宽 度	小 数 位	索 引	NULL
专业号	字符型	3		▲	
专业名	字符型	16			
科类	字符型	6			
学制	数值型	1	0		
学位	字符型	10			

图 2.12 Zyb 表的数据

操作提示：请参照"操作示范 6"的步骤。

2.4 综 合 练 习

【操作练习 7】按照以下要求进行综合练习。

(1) 关闭当前的表和项目管理器，并退出 Visual FoxPro 系统。

(2) 在计算机上找到"企业管理"文件夹(若未解压，请自行解压到当前文件夹)，打开其中的项目文件"企业管理"，再打开 POS 的数据库管理器。

(3) 在当前数据库管理器中创建表，以"销售"为名保存，其结构如表 2.5 所示，输入至少一条记录，具体数据自己设计。

表 2.5 "销售"表的结构

字 段 名	类 型	宽 度	小 数 位	索 引	null	标 题
商品编号	字符型	4				
部门编号	字符型	3				
月份	数值型	2	0			
销售数量	数值型	5	0			

(4) 在 POS 数据库中建立"商品"表，其结构按照表 1.2 中的数据创建。

(5) 用 SQL 创建表命令创建"部门"表，其结构如下：

部门(部门编号 C(3)，部门名称 C(12)，负责人 C(8)，联系电话 C(14))

暂不输入记录。

2.5 习　　题

1. 思考题

(1) 怎样向项目中添加表或其他对象？

(2) 怎样在数据库管理器中创建表？

(3) 数据库表和自由表的设计器有何不同？

(4) 创建、打开和关闭数据库的命令格式如何？

2. 选择题

(1) 创建数据库的命令是(　　)。

　　A. CREATE DATABASE　　　　　　B. MODIFY DATABASE

　　C. CREATE　　　　　　　　　　　D. MODIFY STRUCTURE

(2) 打开数据库的命令是(　　)。

　　A. OPEN DATA <数据库名>　　　　B. USE DATA <数据库名>

　　C. OPEN <数据库名>　　　　　　　D. MODIFY DATABASE

(3) 创建数据表的 SQL 命令是(　　)。

　　A. CREATE DATABASE　　　　　　B. CREATE TABLE

　　C. CREATE　　　　　　　　　　　D. MODIFY STRUCTURE

3. 填空题

(1) 创建"Dhgl"数据库，所用命令是＿＿＿＿＿＿＿＿＿＿＿＿＿＿＿＿＿＿。

(2) 用 SQL 的 CREATE 命令创建一个表的结构，以"Ckb"为名存盘。该表的结构如下：

字段名	类型	宽度
仓库号	字符型	5
城市	字符型	10
面积	整型	

所用命令是：

＿＿＿＿＿＿＿＿＿＿＿＿＿＿＿＿＿＿＿＿＿＿＿＿＿＿＿＿＿＿＿＿＿＿＿＿＿

(3) 日期型字段的类型符是(　　)，备注型字段的类型符是(　　)，逻辑性字段的类型符是(　　)。

(4) 字符型字段的类型符是(　　)，数值型字段的类型符是(　　)，整型字段的类型符是(　　)。

实训 3 常量、变量和表达式

本次实训教学目标：

- 掌握 Visual FoxPro 的常量、内存变量的数据类型及其表示方法。
- 初步掌握各类表达式的表示及应用方法。
- 初步掌握?、??和内存变量的基本操作命令。
- 初次使用国家计算机等级考试 VF 模拟考试软件进行练习。

本次实训需要在完成开发教程第 3 讲的学习后进行，数据库环境可以下载配套光盘目录(或教师提供的共享文件目录)中的教学管理压缩文件到 E 盘根目录，并解压释放到当前文件夹。

在上课之前，需要将事先从国家计算机等级考试网站下载的 VF 二级考试模拟软件复制到教师和学生使用的计算机中备用。

3.1 内存变量赋值和显示练习

【操作示范 1】用赋值语句分别定义两个变量 x、y。使 x 的值为 12，y 的值为 5，并显示 x 和 y 的值。然后显示所有内存变量。

操作步骤如下：首先写出完成以上各操作的命令，然后逐条输入命令窗口，回车执行即可。具体命令为：

```
X=12
Store 5 to Y
?x,y
Display memory
```

【操作练习 1】将你的姓名、性别、专业、出生日期分别赋值给 NAME、XB、ZY 和 CSRQ 四个内存变量，先显示这几个变量的值，然后用命令显示系统所有的内存变量。

操作步骤提示：可参照"操作示范 1"(请先在下面写出要执行的命令)。

命令：＿＿＿＿＿＿＿＿＿＿＿＿＿＿＿＿＿＿＿＿＿＿＿＿＿＿＿＿＿＿

＿＿＿＿＿＿＿＿＿＿＿＿＿＿＿＿＿＿＿＿＿＿＿＿＿＿＿＿＿＿＿＿

＿＿＿＿＿＿＿＿＿＿＿＿＿＿＿＿＿＿＿＿＿＿＿＿＿＿＿＿＿＿＿＿

＿＿＿＿＿＿＿＿＿＿＿＿＿＿＿＿＿＿＿＿＿＿＿＿＿＿＿＿＿＿＿＿

＿＿＿＿＿＿＿＿＿＿＿＿＿＿＿＿＿＿＿＿＿＿＿＿＿＿＿＿＿＿＿＿

＿＿＿＿＿＿＿＿＿＿＿＿＿＿＿＿＿＿＿＿＿＿＿＿＿＿＿＿＿＿＿＿

【操作练习 2】用赋值语句分别定义两个变量 A、B。使 A 的值为"中国"，B 的值为.T.，并显示 A 和 B 的值。然后再用赋值语句交换 A 和 B 的值并显示它们的值。

注意：不可直接用 A=.T.和 B="中国"命令。

操作步骤提示：前半题可参照操作示范 1(请先在下面写出要执行的命令)。

命令：_____

_____

_____

_____

_____

_____

提示：如果要把一瓶酱油和一瓶醋互相交换，应该怎样操作呢？

3.2　内存变量和表达式练习

【操作练习 3】按顺序输入以下命令，认真观察它们每一条的执行结果。它们说明日期型变量有哪些运算规律？

```
? {^2012-10-18}+23
? {^2013-09-21}-300
? {^2013-08-08}-{^2008-08-08}
? {^2011-02-21}+{^2015-05-06}
```

【操作练习 4】在命令窗口分别输入以下命令，观察字符连接符号的不同作用：

```
A ="中国  "
B="人民"

? A+B
? A-B
X="ABCSEF"
Y='BCD'
?Y$X
?Y>X
```

【操作练习 5】顺序输入以下命令，观察字符串精确比较与普通比较的区别：

```
SET EXACT OFF
? "ABCD" = "ABC"
? "ABC" = "ABCD"
SET EXACT ON
? "ABCD" = "ABC"
? "ABC" = "ABCD"
```

【操作练习 6】先用赋值语句定义 PI=3.1416 和 R=5，再分别计算以 R 为半径的圆形的周长、面积和以 R 为半径的球的体积。

操作提示：先写出计算并显示周长、面积和体积表达式的命令，然后逐条输入命令窗口执行，把执行结果填写到表格中。

命令：PI=3.1416

R=5

? _____ (圆周长表达式)

? _____ (圆面积表达式)

? _____ (球体积表达式)

半径	圆周长	圆面积	球体积
5			

3.3 国家等级考试模拟软件练习

3.3.1 安装国家等级考试模拟软件

【操作示范 2】安装国家等级考试网站下载的 VF 二级考试模拟系统软件，进行登录和操作示范。

操作步骤如下。

(1) 找到模拟考试软件 FREE2VFP.EXE，双击其图标安装。安装界面如图 3.1 所示。

图 3.1 安装界面(1)

单击"下一步"按钮，系统又弹出用户协议确认窗口，如图 3.2 所示。这时，应该单击"同意"按钮，表示接受协议，尊重软件开发者的著作权，系统弹出对话框，如图 3.3 所示。

此对话框可以设置软件安装位置，一般用其默认安装目录即可，单击"下一步"按钮，即可开始安装。安装过程需要持续数秒，系统安装结束，弹出对话框，如图 3.4 所示。单击"完成"按钮，结束安装。

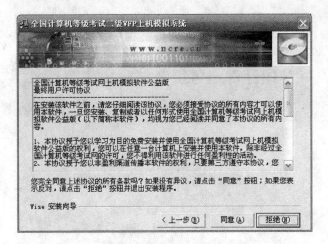

图 3.2　安装界面(2)

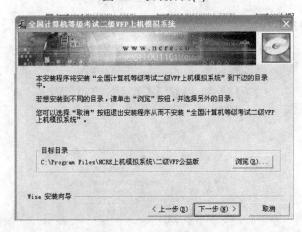

图 3.3　安装界面(3)

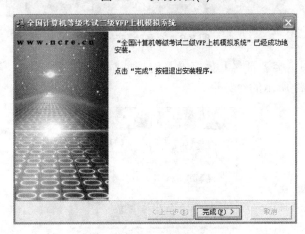

图 3.4　安装界面(4)

(2) 安装后在桌面上自动生成快捷方式：其图标文字部分为"NCRE 二级上机考试公益版"。

(3) 双击快捷方式图标，即出现登录窗口，如图 3.5 所示。

图 3.5　开始登录窗口

(4)　单击"开始登录"按钮，系统弹出考号验证窗口，如图 3.6 所示。

图 3.6　考号验证窗口

模拟考试采用固定准考证号和姓名及身份证号，无需自己输入，单击"考号验证"按钮，系统弹出如图 3.7 所示的对话框。

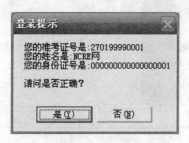

图 3.7　考号验证对话框

单击"是"按钮，即可进入"开始考试"窗口。如图 3.8 所示。

图 3.8 "开始考试"窗口

(5) 模拟考试题目。

模拟考试系统共有 10 套模拟试卷，每套试卷都有 3 类试题。

- 基本操作：每组 4 小题，主要是项目、数据库和表的基本操作，包括建立、修改、输入记录、建立索引、建立关联、编辑参照完整性等。
- 简单应用：建立报表、视图、查询、程序、菜单和表单等，一般要求完成对象的建立，不需要编写复杂代码。
- 综合应用：创建菜单或表单，一般要求编写一些代码，检查综合应用能力。

每次练习需要挑选一套试卷，挑选方法有两种："随机抽题"和"固定抽题"。随机抽题是由系统随机从 10 套试卷中抽取一套，固定抽题是由用户自己按试卷号从 1 到 10 中选择要练习的试卷。我们需要根据教学进度有计划地安排学生练习，而且每次不是要完成整套试卷，而是选择其中的某个试题，进行有针对性的练习，使学生逐步熟悉国家等级考试的考试环境和答题方法。

因此我们选择"固定抽题"，单击"开始考试"按钮。系统弹出"输入套号"对话框，如图 3.9 所示。

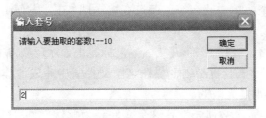

图 3.9 "输入套号"对话框

我们输入 2，单击"确定"按钮，即可进入模拟练习窗口。模拟考试分为上下两个窗口：最上面是显示考生考号信息、时钟(倒计时)和"交卷"按钮的窗口，如图 3.10 所示。

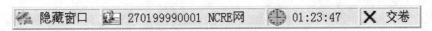

图 3.10 考生信息窗口

(6) 考生信息窗口：该窗口显示考生信息，监考教师在巡视时可以进行核查，核对考

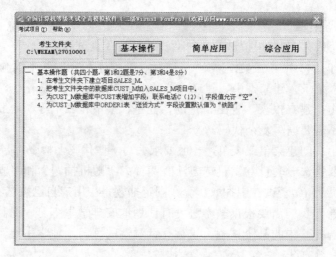本窗口最上面是两项菜单，"考试项目"和"帮助"。单击"考试项目"，出现"启动 Visual FoxPro"命令，单击此命令，即可直接启动 VF，方便考生答题。"帮助"菜单可以提供一些帮助信息。

模拟考试窗口上面有"考生文件夹"标签，标签上显示"C:\WEXAM\27010001"，这个信息非常重要，所有考试题目必须都要在这个文件夹中完成，建立的所有文件都必须保存在这个文件夹中，否则是无效的。

因此，在启动 VF 后，必须先设置这个文件夹为默认文件夹(默认目录)，需要在命令窗口输入以下命令：

```
SET DEFAULT TO C:\WEXAM\27010001
```

然后就可以放心答题了。

"考生文件夹"非常重要，所有题目必须在这个文件夹中完成。因此要重点示范如何设置这个文件夹为默认目录。

模拟考试窗口有 3 个选项卡："基本操作"、"简单应用"和"综合应用"，分别代表 3 类试题，我们本次只练习"基本操作"题，题目如图 3.11 所示。可以看到基本操作题包括 4 个小题。

(8)　题目解答。

教师需要示范如何启动 VF，如何在"考生文件夹"中进行题目解答。此过程需要教师现场完成，如果时间允许，可以实际完成几个题目。

在进行题目练习时，既需要启动 VF 窗口，又要随时看到题目。一个可以两全的办法是同时在桌面上显示两个窗口，如图 3.12 所示。希望教师能示范给学生。

图 3.12　同时显示两个窗口

(9)　提交试卷。

在完成基本操作题目后，先保存所有文件，退出 VF，再单击"交卷"按钮，系统弹出信息提示，如图 3.13 所示。

图 3.13　交卷提示信息(1)

一定要十分重视这个提示，立即检查是否关闭了 VF，如果已经关闭，单击"确定"按钮，系统又弹出信息提示，如图 3.14 所示。

图 3.14　交卷信息提示(2)

单击"确定"按钮，表示确实要交卷。

(10) 查看试题答案。

如果是正式考试，交完试卷就结束了。因为是模拟练习，系统提供了题目的试题分析、正确答案和操作的视频录像文件，所以弹出信息窗口，如图 3.15 所示。

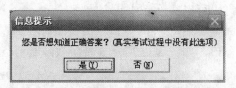

图 3.15　弹出信息窗口

单击"是"按钮，即可查看试题分析和解答的屏幕录像，对话框如图 3.16 所示。

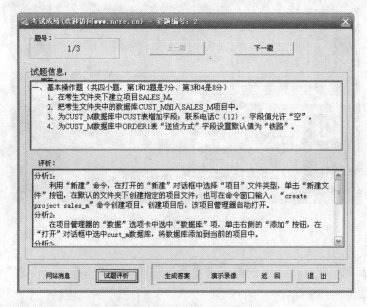

图 3.16　查看正确答案信息提示

这个窗口的操作非常简单，无需赘述。

3.3.2　使用国家等级考试模拟软件进行练习

【操作练习 7】请学生自行安装国家 VF 等级考试模拟软件，练习完成第 2 套模拟题的基本操作题的 1、2、3、4 题。如果有富余时间，还可以练习第 5 套基本操作题的第 1、2、3 题。

完成后可参看系统给出的标准答案和视频资料。

3.4　习　　题

1. 思考题

(1)　内存变量有几种数据类型？

(2) 字符连接符 "+" 和 "-" 有何不同？

(3) 字符串精确比较和普通比较有何不同？

2. 选择题

(1) 字符常量不能用的界定符是(   )。

    A. 英文双引号   B. 英文单引号

    C. 英文方括号   D. 英文花括号

(2) 日期和日期时间常量的界定符是(   )。

    A. 英文双引号   B. 英文单引号

    C. 英文方括号   D. 英文花括号

(3) 可以去掉前面字符串尾部空格的连接符是(   )。

    A. +   B. -   C. $ D. 以上都不对

(4) 假定 X 和 Y 都是字符变量，则?X$Y 可以判断的是(   )。

    A. X 是否为 Y 的子串   B. Y 是否为 X 的子串

    C. X 和 Y 是否互为子串   D. 以上都不对

实训 4　常用函数练习

本次实训的教学目标：
- 初步掌握常用函数的使用。
- 完成第一次课堂无纸化作业。

本次实训需要在完成开发教程第 4 讲的学习后进行，数据库环境可以下载配套光盘目录(或教师提供的共享文件目录)中的教学管理压缩文件到 E 盘根目录，并解压释放到当前文件夹中。

在上课之前，需要将 VF 无纸化作业系统的现场管理子系统安装到教室局域网的服务器上，并按要求进行设置，同时将第一次 VF 无纸化作业软件复制到教师和学生使用的计算机中备用。

4.1　数值和字符函数练习

【操作练习 1】判断一元二次方程的 $x^2-4x-21=0$ 有无实数解，若有，则计算并显示两个实数根(x1，x2)。

操作提示：先在下面写出计算并显示判别式值的命令，再写出计算并显示根的命令，然后逐条输入命令窗口执行，并将本题的计算结果填写到下表中。

操作提示：一元二次方程解的判别式是：B^2-4*A*C。

两个实根的计算公式之一：(-B+sqrt(B^2-4*A*C))/(2*A)。

命令：＿＿＿＿＿＿＿＿＿＿＿＿＿＿＿＿＿＿＿＿＿＿＿＿＿
＿＿＿＿＿＿＿＿＿＿＿＿＿＿＿＿＿＿＿＿＿＿＿＿＿＿＿＿
＿＿＿＿＿＿＿＿＿＿＿＿＿＿＿＿＿＿＿＿＿＿＿＿＿＿＿＿

判别式值	有无实数解	X1	X2

【操作练习 2】定义一个字符串变量 s="中华人民共和国"。测试 s 的长度。分别把 s 的前两个字、中间两个字(人民)和最后 3 个字赋值给 s1、s2 和 s3(要求用不同的取字串函数)。显示 s、s1、s2、s3。测试并显示"共和"在 s 中的起始位置。显示当前系统中所有内存变量的情况。释放以 S 为首字符的内存变量。

操作提示：首先在下面写出完成上述操作的命令，再逐条输入命令窗口执行。

命令：＿＿＿＿＿＿＿＿＿＿＿＿＿＿＿＿＿＿＿＿＿＿＿＿＿
＿＿＿＿＿＿＿＿＿＿＿＿＿＿＿＿＿＿＿＿＿＿＿＿＿＿＿＿
＿＿＿＿＿＿＿＿＿＿＿＿＿＿＿＿＿＿＿＿＿＿＿＿＿＿＿＿

4.2　日期和时间函数练习

　　【操作练习 3】设置日期的年份为 4 位，显示当前日期和时间，显示当前的年、月、日。计算并显示今天距离明年元旦还有多少天(提示：日期要用严格格式)。

　　操作提示：首先在下面写出完成上述操作的命令，再逐条输入命令窗口执行。

　　命令：＿＿＿＿＿＿＿＿＿＿＿＿＿＿＿＿＿＿＿＿＿＿＿＿＿＿＿＿＿＿＿

　　　　　＿＿＿＿＿＿＿＿＿＿＿＿＿＿＿＿＿＿＿＿＿＿＿＿＿＿＿＿＿＿＿

　　　　　＿＿＿＿＿＿＿＿＿＿＿＿＿＿＿＿＿＿＿＿＿＿＿＿＿＿＿＿＿＿＿

　　　　　＿＿＿＿＿＿＿＿＿＿＿＿＿＿＿＿＿＿＿＿＿＿＿＿＿＿＿＿＿＿＿

　　　　　＿＿＿＿＿＿＿＿＿＿＿＿＿＿＿＿＿＿＿＿＿＿＿＿＿＿＿＿＿＿＿

4.3　数据类型转换和测试函数练习

　　【操作练习 4】显示 12352 除以 35 的商和余数。显示 456 除以 37 的商，保留 4 位小数。将 1234.5/8.3 的计算结果转换成字符串并保留 8 位(3 位小数)，然后显示。

　　操作提示：首先在下面写出完成上述操作的命令，再逐条输入命令窗口执行。

　　命令：＿＿＿＿＿＿＿＿＿＿＿＿＿＿＿＿＿＿＿＿＿＿＿＿＿＿＿＿＿＿＿

　　　　　＿＿＿＿＿＿＿＿＿＿＿＿＿＿＿＿＿＿＿＿＿＿＿＿＿＿＿＿＿＿＿

　　　　　＿＿＿＿＿＿＿＿＿＿＿＿＿＿＿＿＿＿＿＿＿＿＿＿＿＿＿＿＿＿＿

　　【操作练习 5】将当前日期转换为字符型并赋值给 D，将当前时间赋值给 T，判断并显示 D 和 T 的数据类型。

　　操作提示：首先在下面写出完成上述操作的命令，再逐条输入命令窗口执行。

　　命令：＿＿＿＿＿＿＿＿＿＿＿＿＿＿＿＿＿＿＿＿＿＿＿＿＿＿＿＿＿＿＿

　　　　　＿＿＿＿＿＿＿＿＿＿＿＿＿＿＿＿＿＿＿＿＿＿＿＿＿＿＿＿＿＿＿

　　希望学生在 50 分钟内完成以上操作练习题目。

4.4 完成第一次无纸化作业

4.4.1 第一次无纸化作业的题目和完成方法

1. 第一次无纸化作业的题目类型

第一次无纸化作业的题目类型如下。

(1) 键盘输入题。要求输入 5 行英文，根据输入正确率和时间评分，20 分。

(2) 选择题。10 小题，每题 2 分，满分 20 分。

(3) 填空题。6 小题，每题 2 分，满分 12 分。

(4) 创建项目、数据库和表。每组 4 小题，每题 12 分，满分 48 分。本题包括一组小题，要求学生在指定文件夹(作业文件夹)中创建项目、数据库和表。

2. 完成时间

系统设置了参考完成时间为 40 分钟，但是不强制回收作业。如果在 40 分钟之内提交作业，系统将按实际完成情况评定成绩，如果超过 40 分钟后提交作业，则每超过 1 分钟，将扣减作业成绩 1 分。

3. 完成和提交作业的方法

在教室(机房)要完成 VF 第一次无纸化作业，需要下载和安装"VF 第一次无纸化作业(网络)"程序，然后进行登录，系统将随机抽取上述题目，学生即可在计算机上操作完成作业题目，完成后单击"提交"按钮，系统即可回收该学生的作业并自动进行分数评定。学生可以查看自己作业的完成情况，核对答案和评分情况。

如果有的学生在上课时未顺利完成并提交作业，或者对作业成绩不满意，可以在课后通过校园网下载安装"VF 第一次无纸化作业(单机)"程序，登录和完成作业，然后通过电子邮件把成绩发送给教师。

4.4.2 完成第一次无纸化作业操作示范

【操作示范】请教师安装和运行"VF 第一次无纸化作业"的系统软件，进行登录和完成作业题目操作示范。介绍各题的操作方法和提交作业方法，以及注意事项等。

1. 作业软件安装

通过局域网找到 VF 第一次无纸化作业的安装软件"VF 第一次课堂作业(网).exe"，双击其图标，即可安装，安装后立即运行，即可进入登录界面，如图 4.1 所示。

2. 登录作业系统

登录时要求学生一定要用自己的真实学号和姓名，系统要求学号必须为 10 位数字。否则系统不允许登录。

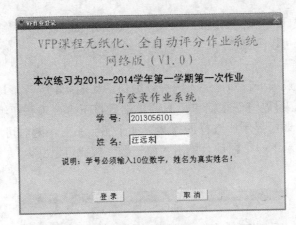

图 4.1 课堂作业登录

3. 作业操作界面

正确登录系统后，系统即在作业题库中随机抽取作业题，组成每位学生的电子作业题目。每位学生的题目都不会完全相同，所以都要独立思考完成。

课堂作业的窗口分为两部分：学生信息显示窗口(见图 4.2)和作业操作窗口(包括"键盘输入"、"选择题"、"填空题"、"建库建表题")。下面对每个窗口做简要介绍。

图 4.2 学生信息窗口

(1) 学生信息窗口

学生信息窗口显示登录学生的学号、姓名，还有一个计时时钟，显示学生完成作业的时间进度。帮助学生养成良好的时间观念。该窗口可以最小化和恢复。

(2) 键盘输入题窗口

本窗口如图 4.3 所示，本题要求学生在一定时间内按窗口显示的 5 行英文短文照样输入，上下必须对齐。单击"开始"按钮即可输入，系统也开始计时。输入结束后立即单击"结束"按钮，系统停止计时。

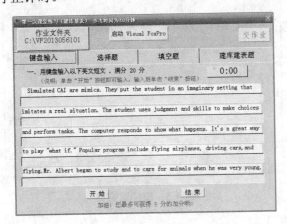

图 4.3 键盘输入题窗口

为鼓励学生练习好键盘输入技术，系统采用奖励分数的政策，最多可以获得 5 分的奖励。即本题的最高分可以得到 25 分。

(3) 选择题窗口

单击"选择题"选项卡，即可进入选择题窗口，如图 4.4 所示。共有 10 个选择题，当前显示的是第 1 题。答题方法很简单，只要单击题目下方选项按钮组的相应字母(ABCD)之一，右边的表格内即可显示所选择的答案。如果感到不对，随时可以修改。单击"后一题"按钮，系统就显示下一个题目。单击"前一题"按钮可返回。

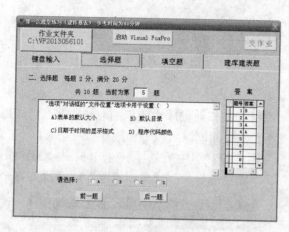

图 4.4 选择题窗口

(4) 填空题窗口

单击"填空题"选项卡，即可进入填空题窗口，如图 4.5 所示。共有 6 个填空题，当前显示的是第 1 题。答题方法也很简单，只要在题目下方的文本框中输入填空的答案即可。如果感到不对，随时可以修改。单击"后一题"按钮，系统就显示下一个题目。单击"前一题"按钮可返回。

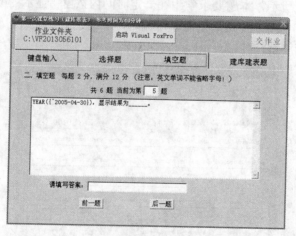

图 4.5 填空题窗口

(5) 建库建表题窗口

单击"建库建表题"选项卡，即可进入本题窗口，如图 4.6 所示。本题为一组试题，共有 4 个小题，显示在窗口中。题目总的要求是在窗口左上角显示的"作业文件夹"中创建项目、数据库和表，并输入一定的记录数据。每个题目的具体要求不完全相同。

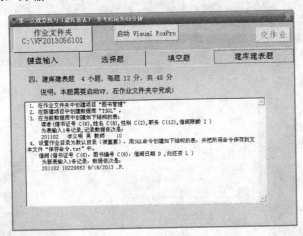

图 4.6　选择题窗口

完成本题是对学生学习能力的一次重大考验，需要教师做好示范。并提醒学生一定注意以下要点：

- 首先，要明确所要建立的项目、数据库、表等所有文件，都必须保存在指定的作业文件夹中(在 C 盘上，目录名是 VF+学号)。千万不要保存错了，因为是系统自动评分，它只认这个文件夹，不在这个文件夹中的文件，它认为你没有建立，只能给你 0 分。
- 第二，对每个需要创建的文件，题目都规定了文件名(中文或英文)，必须严格按照按照给定的文件名保存文件，一个字都不能错。否则系统按照未创建文件处理，该题也只能得 0 分。
- 第三，本题必须先启动 VF，才能完成。为此，系统在窗口上方提供了快速启动 VF 的按钮"启动 Visual FoxPro"，只要单击这个按钮，一般都能快速启动 VF。

启动 VF 后，立即输入设置默认目录命令(按照窗口作业文件夹提示输入)：

```
SET DEFA TO C:\VF2013056101
```

然后再逐题完成作业的题目。

4. 作业完成方法

在完成建库建表题目时，需要启动 VF 窗口，又要随时看到作业题目。一个可以两全的办法是同时在桌面上显示两个窗口，如图 4.7 所示。希望教师能示范给学生。

完成作业的方法是开放的，可以查书、讨论，也可以请教老师。虽然系统提出了要求完成的时间，但是到时间后并不会强行收取作业(与考试不同)，因此还是以正确完成作业为主，时间因素为辅。

5. 提交作业

作业完成后，即可提交作业。提交作业最重要的注意事项是先关闭 VF 窗口。然后单

击"交作业"按钮。系统弹出一个信息提示对话框，如图 4.8 所示。

图 4.7　同时显示两个窗口

图 4.8　提示关闭 VF 的信息对话框

　　此时一定要认真检查是否关闭了 VF 窗口，如果没有关闭，就要单击"否"按钮，停止提交作业，关闭 VF 后再提交作业。如果确实关闭了 VF，则可单击"是"按钮。系统又会弹出一个信息提示对话框，如图 4.9 所示。

图 4.9　提交作业提示信息对话框

　　这个提示信息告诉学生，提交作业后就不能再做题了。如果还想再检查检查，就单击"否"按钮，如果确实要交作业了，就单击"是"按钮。

　　单击"是"按钮后，系统即回收学生所完成的电子作业题目，并进行自动评分，将成绩传回到局域网的服务器中。同时弹出信息提示对话框，如图 4.10 所示。

　　单击"否"按钮，表示不想看成绩和评分，系统即退出，结束本次作业。单击"是"按钮，表示想看成绩和评分情况，系统即显示窗口，如图 4.11 所示。

图 4.10　查看成绩提示对话框

6. 查看作业成绩和评分情况

这个窗口与完成作业的窗口类似，不同之处是在窗口的上方有一个表格，表格中显示出本次作业系统对每个题目的评分结果和总分，如图 4.11 所示。

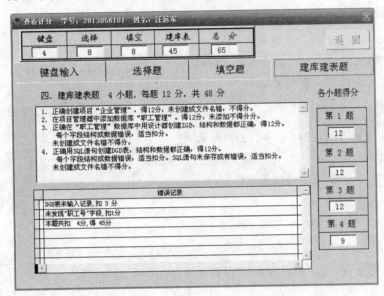

图 4.11　查看成绩和评分情况的窗口

在窗口中也包括 4 个选项卡，单击某个选项卡，即可进入这个题目的操作界面，详细查看这个题目的解答和评分情况。其中，选择题和填空题都给出了每个题目的标准答案。图 4.11 显示了建库建表题的评分和每个小题的得分情况。窗口上面的编辑框中显示了本题的评分标准；下面的表格中则显示出系统自动评分过程发现的错误信息，供学生参考。

学生通过查看评分信息，也是一次深入学习和提高的过程。

单击"返回"按钮，即可退出作业系统，结束本次作业。

4.4.3　完成第一次无纸化课堂作业

【操作练习 6】请学生自行安装和运行"VF 第一次无纸化作业"的系统软件，进行登录和完成作业题目，然后提交作业。

4.4.4　课余时间如何完成无纸化作业

如果有的学生因为各种原因没有完成课堂作业或对作业成绩不满意，系统提供了利用

课余时间完成无纸化作业的途径。

教师可以事先把无纸化作业软件的单机版放在校园网上，学生就可以在课余时间登录校园网，下载无纸化作业软件，完成作业，提交作业后，系统进行自动评分。

与在课堂完成无纸化作业不同，系统无法将作业成绩传送给教师。需要学生利用电子邮件向教师报送成绩。为确保成绩的真实性，需要将查看成绩窗口的截图(参见图 4.12)发送给教师，也可用手机拍下具有成绩的窗口让老师查看。

4.5 习　　题

1. 思考题

(1) 有几种截取子字符串的函数？

(2) 你能写出给出当前日期和时间的函数吗？

(3) 你对无纸化作业有何看法？

2. 选择题

(1) 函数 ROUND(12345.6789, -2)的结果为(　　)。

　　A. 12345　　　　　B. 12340　　　　　C. 12300　　　　　D. 12000

(2) 执行以下命令显示的结果是(　　):

```
M = "THIS IS AN APPLE"
? SUBSTR(M, INT(LEN(M)/2+1), 2)
```

　　A. TH　　　　　　B. IS　　　　　　C. AN　　　　　　D. AP

(3) 如果变量 X=10，函数 VARTYPE(X=11)的结果为(　　)。

　　A. L　　　　　　B. N　　　　　　C. C　　　　　　D. 出错信息

(4) 如果变量 D="04/28/05"，命令?VARTYPE(&D)的结果为(　　)。

　　A. D　　　　　　B. N　　　　　　C. C　　　　　　D. 出错信息

(5) (2005-4-20)-(2005-4-10) + 4^2 的结果是(　　)。

　　A. 26　　　　　　B. 6　　　　　　C. 18　　　　　　D. -2

3. 填空题

(1) 函数 STR(345.6789, 6, 2)的结果为_____。

(2) 求最大值的函数是_____，求最小值的函数是_____。

(3) 求日期中年份的函数是_____，求日期中月份的函数是_____，求日期中日数的函数是_____。

(4) 如果要从字符串 X 中取出前 3 个字符，需要用的函数表达式是_____，如果要从字符串 X 中取出后 4 个字符，需要用的函数表达式是_____，如果要从字符串 X 中取出第 5 至第 9 个字符，需要用的函数表达式是_____。

高等学校应用型特色规划教材

实训 5　数据库的基本操作(1)

本次实训的教学目标：

- 通过实验进一步掌握项目管理器的使用方法。
- 熟练掌握数据库表浏览器的基本操作：定位、追加、修改、删除记录。
- 初步掌握 VF 记录指针的移动以及追加、修改、删除记录命令。
- 初步掌握 SQL 的 INSERT 和 DELETE 命令的使用。
- 练习与表有关的函数操作。

本次实训需要在完成开发教程第 5 讲的学习后进行，数据库环境可以下载配套光盘目录(或教师提供的共享文件目录)中的教学管理压缩文件到 E 盘根目录，并解压释放到当前文件夹。

5.1　使用浏览器对表的记录进行操作

5.1.1　在项目管理器中使用浏览窗口操作表练习

【操作练习 1】在"我的电脑"窗口查找并打开"E:\教学管理"文件夹，用鼠标双击 JXGL 项目文件，启动 VF 并打开在项目管理器，在"数据"中选择 Xsb，用"浏览"按钮打开浏览窗口，利用"表"和"显示"菜单功能配合鼠标进行下列操作。

(1)　分别将记录指针指向第 3 条、第 6 条、第 42 条记录。

(2)　将显示方式设置为"编辑"方式，增加一条新记录(内容自己确定)。

(3)　将显示方式设置为"浏览"方式，给新记录做删除标记。

(4)　彻底(物理)删除新记录。用项目管理器"浏览"按钮重新打开浏览窗口，观察是否删除。

(5)　使用"表"→"替换字段"命令，为"市场营销"专业每个学生的高考分数增加 10 分。观察替换后的结果，关闭浏览窗口。

操作提示：在"替换字段"对话框中输入信息，如图 5.1 所示。

图 5.1　"替换字段"对话框

5.1.2 在数据库管理器中使用浏览窗口操作表练习

【操作练习 2】在项目管理器中选择 Jxk,用"修改"按钮打开数据库管理器,选择 Kcb 表,使用其快捷菜单中的"浏览"命令,打开浏览窗口,利用"表"菜单功能配合鼠标进行下列操作。

(1) 用鼠标移动记录指针。

(2) 输入一条新记录,数据自己设置。

(3) 对已有记录数据进行修改,内容自己确定。

(4) 关闭浏览窗口。

5.1.3 使用命令打开表并进行浏览操作练习

【操作练习 3】在命令窗口输入命令,打开 Xsb,浏览显示"市场营销"专业的所有学生的学号、姓名、性别、高考分数。

操作提示:首先在下面的空白处写出命令,然后逐一输入到命令窗口中执行即可。

命令:_____

_____

_____

5.2 记录指针移动命令练习

【操作练习 4】用命令将 Xsb 的记录指针分别移动到第 13、54 和 131 条记录上,执行以上最后一条命令后,测试是否到文件尾部并显示测试结果,你能否对结果做出解释?

操作提示:首先在下面的空白处写出命令,然后逐一输入到命令窗口中执行即可。

命令:_____

_____

_____

_____

【操作练习 5】用命令将 Xsb 的记录指针移动到第 23 条记录上,再使指针向下移动 8 条,再向上移动 9 条,执行以上最后一条命令后,测试当前记录号并显示测试结果,你能否对结果做出解释?

操作提示:首先在下面的空白处写出命令,然后逐一输入到命令窗口中执行即可。

命令:_____

_____

_____

_____

高等学校应用型特色规划教材

5.3 记录追加与插入命令练习

5.3.1 记录追加(APPEND)命令练习

【操作练习 6】打开 Kcb,用 APPEND 命令追加一条记录('2001', '英语精读', 4, '1002')。

操作提示:首先在下面的空白处写出命令,然后逐一输入到命令窗口中执行即可。

命令:＿＿＿＿＿＿＿＿＿＿＿＿＿＿＿＿＿＿＿＿＿＿＿＿＿＿

【操作练习 7】打开 Lsb,用 APPEND FROM 命令从 Cjb 中追加课程号为 "1001" 的所有成绩记录,浏览追加后的信息。注意从状态行观察 Lsb 记录数的变化。

命令:＿＿＿＿＿＿＿＿＿＿＿＿＿＿＿＿＿＿＿＿＿＿＿＿＿＿
＿＿＿＿＿＿＿＿＿＿＿＿＿＿＿＿＿＿＿＿＿＿＿＿＿＿＿＿＿
＿＿＿＿＿＿＿＿＿＿＿＿＿＿＿＿＿＿＿＿＿＿＿＿＿＿＿＿＿

5.3.2 SQL 记录追加(INSERT)命令练习

【操作练习 8】用 SQL 的 INSERT 命令给课程表(Kcb)插入一条记录('2002', '英语口语', 2, '1002')。

操作提示:首先在下面的空白处写出命令,然后逐一输入到命令窗口中执行即可。

命令:＿＿＿＿＿＿＿＿＿＿＿＿＿＿＿＿＿＿＿＿＿＿＿＿＿＿

【操作练习 9】用 SQL 的 INSERT 命令给学生表(Xsb)插入一条记录,学号为 '06056101',姓名为 '刘雨',性别为男,其余字段数据暂时不输入。

操作提示:首先在下面的空白处写出命令,然后逐一输入到命令窗口中执行即可。

命令:＿＿＿＿＿＿＿＿＿＿＿＿＿＿＿＿＿＿＿＿＿＿＿＿＿＿

比较 SQL 的 INSERT 命令与 APPEND 两条命令的区别。

5.4 记录删除命令练习

5.4.1 VF 删除记录命令练习

【操作练习 10】打开 Xsb,用 VF 命令给当前记录及其以下 3 条记录加删除标记,浏览检查是否添加成功。

操作提示：首先在下面的空白处写出命令，然后逐一输入到命令窗口中执行即可。

命令：_____

_____

_____

【操作练习 11】用 VF 命令给 Xsb "市场营销"专业的学生记录加删除标记，浏览检查是否添加成功。

命令：_____

_____

_____

5.4.2　SQL 删除记录命令练习

【操作练习 12】用 SQL 命令给 Xsb "工业工程"专业的学生记录加删除标记，浏览检查是否添加成功。

命令：_____

思考：两条删除命令有何相同和不同？

5.4.3　撤销删除记录和彻底删除命令练习

【操作练习 13】用命令去掉 Xsb 中所有记录的删除标记，浏览操作效果。

命令：_____

【操作练习 14】对 Xsb 第 131 条记录做逻辑删除，显示所有记录，观察删除标记。再用命令做彻底删除，浏览操作结果。

命令：_____

_____

_____

_____

_____

【操作练习 15】彻底删除 Lsb 中的所有记录。

命令：_____

_____

5.5　多工作区操作命令练习

【操作练习 16】关闭所有已经打开的表。在 A 工作区打开 Xsb，在 B 工作区打开 Cjb，选择当前最小空的工作区打开 Kcb。

命令：_____

_____

_____

_____

【操作练习 17】选择成绩表(Cjb)为当前表，测试其工作区号，选择课程表(Kcb)为当前表，测试其工作区号。

命令：_____

_____

_____

_____

5.6 习　　题

1. 选择题

(1) 假定 Xsb 表已经打开且为当前表，下列命令中，哪条不能正确逻辑地删除男学生的记录？(　　)

　A. DELETE FOR 性别='男'

　B. DELETE ALL FOR 性别='男'

　C. DELETE WHERE 性别='男'

　D. DELETE FROM Xsb WHERE 性别='男'

(2) 打开一个数据表文件后，执行命令 SKIP-1，则命令?RECNO()的结果是(　　)。

　A. 0　　　　　　B. 1　　　　　　C. -1　　　　　　D. 出错信息

(3) 假设数据表中共有 10 条记录，当执行命令 GO BOTTOM 后，命令?RECNO()的结果是(　　)。

　A. 9　　　　　　B. 10　　　　　　C. 11　　　　　　D. 1

(4) 某数据表中共有 10 条记录，当前记录为 6，先执行命令 SKIP 10，再执行命令?EOF()，执行最后一条命令后，显示的结果是(　　)。

　A. 错误信息　　　B. 11　　　　　　C. .T.　　　　　　D. .F.

2. 填空题

(1) 向表追加一条空白记录的命令是_____。

(2) 向表插入一条记录的SQL命令关键字是_____。

(3) 假定教学案例中的 Kcb 表已经打开，根据以下各题的要求写出相应的命令。

① 将记录移动到第 3 条记录的命令是_____。

② 将记录由当前位置向下移动 2 条记录的命令是_____。

③ 逻辑地删除课程号为"1002"的记录的 VF 命令是_____，相应的 SQL 命令是_____。

④ 向表中插入一条记录，课程号为"2021"，课程名"网络基础"，其余字段数据空缺，使用的 SQL 命令是_____。

实训 6　数据库的基本操作(2)

本次实训教学目标:

- 掌握字段替换和更新命令的格式和使用方法。
- 掌握表结构修改的方法(交互式和 SQL 命令)。
- 掌握索引的种类、建立索引和索引的使用方法。
- 初步掌握记录顺序查找、快速查找与显示的方法。
- 初步掌握数据导入与导出的操作方法。

本次实训需要在完成开发教程第 6 讲的学习后进行,数据库环境可以下载配套光盘目录(或教师提供的共享文件目录)中的教学管理(压缩文件)到 E 盘根目录,并解压释放到当前文件夹。同时将国家 VF 等级考试模拟软件下载备用。

6.1　字段数据的替换和更新命令

6.1.1　替换命令(REPLACE)

【操作示范 1】从"我的电脑"找到并打开"E:\教学管理"文件夹,双击 jxgl.pjx 文件图标,打开项目管理器。打开 Xsb,为所有女学生高考分数增加 10。

操作步骤如下。

(1) 从"我的电脑"找到并打开"E:\教学管理"文件夹,双击 jxgl.pjx 文件图标,打开项目管理器。

(2) 依次在命令窗口输入以下命令并执行:

```
Use xsb
Replace 高考分数 with 高考分数+10 for 性别="女"
```

【操作练习 1】从"我的电脑"找到并打开"E:\教学管理"文件夹,双击 jxgl.pjx 文件图标,打开项目管理器。打开 Xsb,为所有男学生高考分数增加 10 分。

操作步骤提示:请参考"操作示范 1",在下面写出所用到的命令并逐一执行。

命令:＿＿＿＿＿＿＿＿＿＿＿＿＿＿＿＿＿＿＿＿＿＿＿＿＿＿＿＿＿

6.1.2　更新命令(UPDATE)

【操作练习 2】用 SQL 的 update 命令为 Xsb 中"市场营销"专业的学生高考分数增加 10 分,再为所有学生的高考分数增加 10 分。

操作步骤提示:在下面写出所用到的命令,然后输入命令窗口中逐条执行。

命令:＿＿＿＿＿＿＿＿＿＿＿＿＿＿＿＿＿＿＿＿＿＿＿＿＿＿＿＿＿

对比替换命令和更新命令格式的不同之处。你认为哪条命令更方便?

6.2 表结构的修改

6.2.1 在表设计器中修改表结构

【操作练习 3】在 Jxgl 项目管理器中,选择 Xsb(学生表),单击"修改"按钮,按下列要求修改表结构。

(1) 将"学号"字段的输入掩码设置为 9999999999(意味学号只能输入数字,不能输入其他字符)。

(2) 将性别字段的有效性"规则"设置为:性别$"男女";"信息"设置为:"性别只能是男或女"。

(3) 关闭表设计器。

(4) 输入一条记录,验证前面的设置是否起作用。

(5) 使用 DISPLAY 命令查看表的结构。

6.2.2 使用 SQL 命令修改表结构

【操作练习 4】先查看数据库中 Czy 表的结构,然后使用 SQL 命令按下列要求修改 Czy 表的结构。

(1) 为 Czy 增加一个新字段:编号 C(2)。

(2) 将 Czy 表中的"编号"字段类型修改为 N(4)。

(3) 将 Czy 表中的"编号"字段删除。

(4) 使用 DISPLAY 命令查看表的结构。

命令:_____

_____

_____

_____

6.3 索引的建立与使用

6.3.1 索引的创建

【操作练习 5】在项目管理器(Jxgl)中用修改表结构的方式建立 Xsb 的索引文件。进行如下操作(未说明排序要求的索引默认为升序排列)。

(1) 以学号为主关键字建立主索引文件,索引表达式为"学号",索引名为"学号"。

(2) 以专业为关键字建立普通索引文件,索引表达式为"专业",索引名为"专业"。

(3) 以专业为关键字建立唯一索引文件，索引表达式为"专业"，索引名为"ZY1"。

(4) 以高考分数为关键字建立普通索引文件且降序排列，索引表达式为"高考分数"，索引名为"高考分数"。

提示：建立以上索引后，结果如图6.1所示。

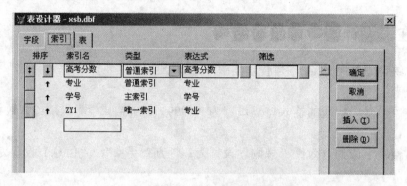

图 6.1　在表设计器中为 Xsb 建立索引

【操作练习6】在项目管理器(Jxgl)中用修改表结构的方式建 Kcb 的索引文件。

(1) 以课程号为关键字建立主索引文件，如图 6.2 所示，索引表达式为"课程号"，索引名为"课程号"。

(2) 以学分号为关键字建立普通索引文件，索引表达式为"学分"，索引名为"学分"，降序排列。

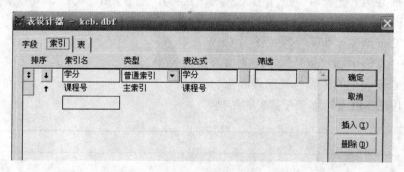

图 6.2　在表设计器中为 Kcb 建立索引

【操作练习7】在命令窗口中用命令方式对成绩表(Cjb)建立以下索引文件。

(1) 以学号为关键字建立普通索引文件，索引表达式为"学号"，索引名为"学号"。

(2) 以课程号为关键字建立普通索引文件，索引表达式为"课程号"，索引名为"课程号"。

命令：_____

_____

_____

执行建立索引的命令后，在项目管理器中查看建立索引的情况。

6.3.2　索引的使用与记录查找

【操作练习 8】按下列要求进行有关索引的操作(先写出命令)。

(1)　关闭所有表,再打开 Xsb(学生表),将"学号"设置为"主控索引"。用 SEEK 命令查找学号为'2013076103'的记录并显示。

命令:＿＿＿＿＿＿＿＿＿＿＿＿＿＿＿＿＿＿＿＿＿＿

＿＿＿＿＿＿＿＿＿＿＿＿＿＿＿＿＿＿＿＿＿＿＿＿＿＿

＿＿＿＿＿＿＿＿＿＿＿＿＿＿＿＿＿＿＿＿＿＿＿＿＿＿

(2)　将 Xsb(学生表)的 zy1 索引设置为"主控索引",浏览所有记录(观察唯一索引)。

命令:＿＿＿＿＿＿＿＿＿＿＿＿＿＿＿＿＿＿＿＿＿＿＿＿

＿＿＿＿＿＿＿＿＿＿＿＿＿＿＿＿＿＿＿＿＿＿＿＿＿＿

思考:对比以上两个操作,唯一索引与其他索引有何不同?

(3)　将 Xsb(学生表)的"专业"索引设置为"主控索引",浏览所有记录(观察记录顺序)。用 SEEK 命令将记录指针定位在"计算机科学"第一位记录上,显示该记录,继续查找该专业的下一条记录,显示之。

命令:＿＿＿＿＿＿＿＿＿＿＿＿＿＿＿＿＿＿＿＿＿＿

＿＿＿＿＿＿＿＿＿＿＿＿＿＿＿＿＿＿＿＿＿＿＿＿＿＿

＿＿＿＿＿＿＿＿＿＿＿＿＿＿＿＿＿＿＿＿＿＿＿＿＿＿

＿＿＿＿＿＿＿＿＿＿＿＿＿＿＿＿＿＿＿＿＿＿＿＿＿＿

(4)　在 Xsb(学生表)中用 LOCATE 命令查找"高考分数"大于 670 的第一条记录,显示该记录,继续查找符合条件的下一条记录,显示之。

命令:＿＿＿＿＿＿＿＿＿＿＿＿＿＿＿＿＿＿＿＿＿＿

＿＿＿＿＿＿＿＿＿＿＿＿＿＿＿＿＿＿＿＿＿＿＿＿＿＿

＿＿＿＿＿＿＿＿＿＿＿＿＿＿＿＿＿＿＿＿＿＿＿＿＿＿

通过以上两个练习,对比 SEEK 与 LOCATE 两条命令的不同之处。

6.4　表的复制、导入与导出

6.4.1　表的复制

【操作练习 9】请按照下列要求进行操作练习(先写出命令)。

(1)　用命令方式打开 Xsb,将市场营销专业的男学生记录复制到"营销男"中。然后打开这个表,浏览查看所有记录。

命令:＿＿＿＿＿＿＿＿＿＿＿＿＿＿＿＿＿＿＿＿＿＿

_____

_____

_____

(2) 将 Cjb 结构中的所有字段复制到新表 Bkb(补考表)中，不复制记录。复制完打开新表，按图 6.3 用 APPEND 命令追加若干条记录。

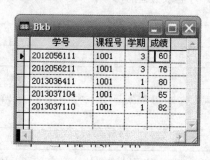

图 6.3 Bkb 的数据

命令：_____

_____

_____

_____

6.4.2 表的导出与导入

【操作练习 10】请按照下列要求进行操作练习。

(1) 将 Xsb 的数据导出到当前目录的 Excel 表格"学生表"中。同时观察什么类型的字段不能导出。

(2) 把(1)中导出的 Excel"学生表"中的数据导入到 VF"学生表"中。

操作提示：

- 导出时先打开 Xsb，再使用"导出"向导。在导出对话框中选择"类型"为"Excel 5.0"，在"到"后面直接输入路径和文件名即可。
- 导入时先打开"导入"对话框，然后选择导入的文件类型，定位导入文件。

6.5 国家等级考试模拟题选做

请自行安装国家 VF 二级考试模拟系统软件，可以结合本次实训，练习第 8 套模拟题的基本操作题的第 1、2、3 题。

6.6　习　　题

1. 思考题

(1)　索引文件有何作用?

(2)　修改表结构的 SQL 命令有几种格式?

2. 选择题

(1)　已打开了表文件 Xsb.dbf，要将记录指针定位在第一个高考分数大于 500 的记录上，应执行的命令是(　　)。

A. FIND FOR 高考分数 > 500　　　　B. LOCATE FOR 高考分数 > 500

C. SEEK FOR 高考分数 > 500　　　　D. DISP　FOR 高考分数 > 500

(2)　当打开某个库文件，并且相关的多个索引文件也被打开时，有关主控索引的正确叙述是(　　)。

A. 可以将多个索引文件同时设置为主控索引

B. 同一时刻只能将一个索引文件设置为主控索引

C. 只要指定主索引文件，就不能更改关于主控索引文件的设置

D. 索引文件只要打开就能对记录操作起作用

(3)　建立索引时，(　　)字段不能作为索引关键字。

A. 字符型　　　　B. 数值型　　　　C. 备注型　　　　D. 日期型

(4)　设 Xsb 表已打开，并且按出生日期(日期型字段)索引的索引文件已打开，同时已设定为主控索引，要把记录指针定位到 1983 年 2 月 15 日出生的记录上，应使用命令(　　)。

A. LOCAT {^1983-02-15}　　　　B. LOCAT "^1983-02-15"

C. SEEK {^1983-02-15}　　　　D. SEEK "^1983-02-15"

(5)　可以使用 FOUND()函数来检测查找是否成功的命令包括(　　)。

A. BROW SEEK　　　　　　B. SEEK LOCATE

C. DISPLAY SEEK　　　　　D. BROW LOCATE

(6)　假定"工资"表有基本工资、职务补贴、奖金、所得税和实发工资等字段，现在基本工资、职务补贴、奖金和所得税的数据都已输入，需要计算"实发工资"，其计算公式是: 实发工资=基本工资+职务补贴+奖金-所得税。下面命令中可以正确计算实发工资的是(　　)。(需要计算表中所有记录的实发工资)

A. REPL 实发工资 WITH 基本工资+职务补贴+奖金-所得税

B. UPDATE 工资 SET 实发工资=基本工资+职务补贴+奖金-所得税

C. REPL ALL SET 实发工资=基本工资+职务补贴+奖金-所得税

D. UPDATE ALL 工资 SET 实发工资=基本工资+职务补贴+奖金-所得税

3. 填空题

(1)　将表文件 Xsb.dbf 的结构索引文件中的 Xm 索引条目设定为主控索引，应使用的

命令是＿＿＿＿。

(2) REPLACE 命令中缺省范围和条件短语时，是指表中的＿＿＿＿记录。

(3) SQL 的 UPDATE 命令中缺省条件短语时，是指表中的＿＿＿＿记录。

(4) 使用 LOCATE 或 SEEK 进行查询时，检测是否找到记录应使用的函数为＿＿＿＿，检测是否到达文件尾应使用的函数为＿＿＿＿。

(5) 给"学生表"增加一个字段"身份证号 C(18)"的命令是：

＿＿＿＿＿＿＿＿＿＿＿＿＿＿＿＿＿＿＿＿＿＿＿＿＿

(6) 将"学生表"中"学号"字段类型修改为"学号 I "的命令是：

＿＿＿＿＿＿＿＿＿＿＿＿＿＿＿＿＿＿＿＿＿＿＿＿＿

(7) 删除"学生表"中"照片"字段的命令是：

＿＿＿＿＿＿＿＿＿＿＿＿＿＿＿＿＿＿＿＿＿＿＿＿＿

实训 7 数据库的基本操作(3)

本次实训教学目标：

- 在建立索引的基础上，掌握建立表的永久关系的方法。
- 掌握表的数据完整性的概念以及编辑参照完整性的方法。
- 掌握表单的概念和利用向导创建表单的过程。
- 完成第二次无纸化课堂作业。

本次实训需要在完成开发教程第 7 讲的学习后进行，数据库环境可以下载配套光盘目录(或教师提供的共享文件目录)中的教学管理压缩文件到 E 盘根目录，并解压释放到当前文件夹中。同时将第二次无纸化作业相关的软件准备好。

7.1 在数据库中建立表的关联

【操作练习 1】在"我的电脑"中查找并打开"E:\教学管理"文件夹，然后双击其中的"JXK.doc"数据库文件图标，打开数据库管理器。进行下列操作：

(1) 在 Xsb(学生表)和 Cjb(成绩表)之间建立关联，以"学号"为关键字。

(2) 在 Kcb(课程表)和 Cjb(成绩表)之间建立关联，以"课程号"为关键字。

以上关联如图 7.1 所示。

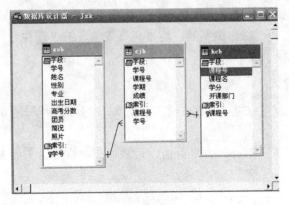

图 7.1 建立表的关联

7.2 编辑参照完整性

7.2.1 建立参照完整性

【操作练习 2】在上述练习的基础上，按照下面的步骤进行编辑参照完整性的练习。

(1) 从"数据库"菜单中，选择"清理数据库"命令，清理数据库。

注意：如果系统提示"不能发布 PACK 命令"，则需要在命令窗口输入并执行以下命令："CLOSE TABLE ALL"。再清理数据库。

(2) 从"数据库"菜单中，选择"编辑参照完整性"命令，按图 7.2 所示分别规定 3 个表之间的"删除规则"、"更新规则"和"插入规则"。

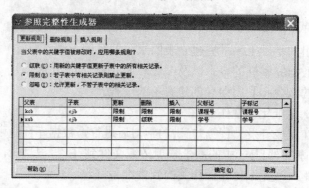

图 7.2　编辑参照完整性

编辑后关闭数据库设计器，进行下面的练习。

7.2.2　验证参照完整性

1. 级联规则的验证

【操作练习 3】浏览 Xsb，记录，对第一条记录做删除标记，关闭浏览器，再浏览 Cjb，观察出现的现象并解释。

操作提示：在数据库中通过"数据库"菜单或表的快捷菜单操作。

【操作练习 4】打开 Kcb 浏览器，将"高等数学"的"课程号"改为"1111"，关闭窗口，观察出现的现象并解释。

2. 限制规则的验证

【操作练习 5】浏览 Cjb，追加一条记录，对学号或课程号随意输入，关闭窗口，观察出现的现象并解释。

【操作练习 6】浏览 Kcb，为"英语"记录加删除标记，关闭窗口，观察出现的现象并解释。

7.3　用向导创建表单

7.3.1　创建单一表单

【操作练习 7】用表单向导以 Kcb 为数据源创建表单，并以 KCWH 为文件名存盘。

要求：选择 Kcb 的所有字段，表单式样为"浮雕式"，使用文本按钮，按课程号升序排序，表单标题为"课程数据维护"。

创建表单后运行表单，为表增加记录、修改记录或删除记录。体会表单带来的操作方

高等学校应用型特色规划教材

便和快捷。

操作提示：在项目管理器中选择"文档"→"表单"命令，在对话框中单击"新建"按钮，在"新建表单"对话框中选择"表单向导"，然后按照向导的指引进行操作即可。

7.3.2 创建一对多表单

【操作练习 8】用表单向导以 Kcb 和 Cjb 为数据源创建一对多表单，并以"成绩输入"为文件名存盘。

要求：选取父表 Kcb 的"课程号"、"课程名"、"学分"字段，选取子表 Cjb 的所有字段，表单式样为"浮雕式"，使用文本按钮，按"课程号"升序排序。表单标题为"课程成绩输入"。

创建表单后运行表单，在 Kcb 中选择"离散数学"，输入这门课程两名学生的成绩。向子表中输入两条记录："2012056204"、"1009"、4、78 和"2012056218"、"1009"、4、85。

通过本题掌握一对多表单的使用方法。

7.3.3 用命令运行表单

【操作练习 9】写出运行上述两个表单的命令，并运行之。

(1) 用命令方式运行表单 KCWH。

命令：_____

输入一条记录："2020"、"大学语文"、2、' '。

(2) 用命令方式运行表单"成绩输入"。

命令：_____

7.4 完成第二次无纸化作业

7.4.1 第二次无纸化作业的题目和完成时间

1. 第二次无纸化作业的题目类型

第二次无纸化作业的题目类型如下。

(1) 选择题。10 小题，每题 2 分，满分 20 分。

(2) 填空题。6 小题，每题 2 分，满分 12 分。

(3) 数据库简单操作题。每组 4 小题，每题 12 分，满分 48 分。

本题包括一组小题，要求学生在指定文件夹(作业文件夹)中进行项目、数据库和表的基本操作。

(4) 向导表单题。1 小题，满分 20 分。

本题要求学生应用表单向导创建表单。

2. 完成时间

系统设置了参考完成时间为 40 分钟，但是不强制回收作业。

7.4.2 完成第二次无纸化作业操作示范

【操作示范】请教师安装和运行"VF 第二次无纸化作业"的系统软件，进行登录和完成作业题目操作示范。介绍各题的操作方法和提交作业方法，以及注意事项等。

7.4.3 完成第二次无纸化作业

【操作练习 10】请学生按照教师的示范完成第二次无纸化作业。

7.5 习   题

1. 选择题

(1) 在 Visual FoxPro 中，两个表之间建立的联系不包括(   )联系。
    A. 一对一   B. 一对多   C. 多对一   D. 多对多

(2) 控制两个表中数据的完整性与一致性可设置"参照完整性"，要求这两个表(   )。
    A. 是同一个数据库中的两个表
    B. 是不同数据库中的两个表
    C. 是两个自由表
    D. 一个是数据库表，另一个是自由表

(3) 在 Visual FoxPro 的数据库设计器中建立的两个表之间的联系是(   )联系。
    A. 永久性   B. 临时性
    C. 永久性或临时性   D. 前面都不正确

(4) Visual FoxPro 中的参照完整性规则不包括(   )。
    A. 更新规则   B. 插入规则   C. 查询规则   D. 删除规则

(5) 在删除父表记录时，如果子表中存在相关记录，则不能删除，应选择删除规则中的(   )。
    A. 级联   B. 检查   C. 忽略   D. 限制

(6) 如果在删除父表中的记录时，要自动删除子表中相关的所有记录，应选择删除规则中的(   )。
    A. 限制   B. 忽略   C. 级联   D. 级联或限制

(7) 在 Visual FoxPro 中进行参照完整性设置时，要想设置成当更改父表中的主关键字段或候选关键字段时，自动更改所有相关子表记录中的对应值，应选择(   )。
    A. 限制   B. 忽略   C. 级联   D. 级联或限制

高等学校应用型特色规划教材

(8) 表单主文件的扩展名是(   )。

    A. dbf   B. scx   C. pjx   D. cdx

2. 填空题

(1) 数据库表之间的一对多联系是通过父表的主索引和子表的_____索引实现的。

(2) 编辑参照完整性时，如果在子表中插入记录或更新已经存在的记录，而父表中不存在匹配的关键字值，需采用_____规则。

(3) 应用表单向导可以创建_____和_____两类表单，运行表单的命令是_____。

实训 8　视图和查询

本次实训教学目标：

- 初步掌握利用向导和设计器创建本地视图的方法。
- 初步掌握利用向导和设计器创建及应用查询，以及选择查询的不同输出方向的方法。
- 通过使用视图进一步理解视图"虚拟表"和可以"更新表"的特性。
- 通过查看视图和查询的 SQL 语句进一步理解它们的本质。

本次实训需要在完成开发教程第 8 讲的学习后进行，数据库环境可以下载配套光盘目录(或教师提供的共享文件目录)中的教学管理压缩文件到 E 盘根目录，并解压释放到当前文件夹。同时将国家 VF 等级考试模拟软件下载备用。

8.1　用向导创建视图和查询

8.1.1　使用向导创建视图

【操作示范 1】通过"我的电脑"打开"E:\教学管理"中的 jxgl 项目管理器。然后用视图向导为 Xsb 和 Cjb 创建只包括"市场营销"专业的学生的所有课程成绩的视图，字段有学号、姓名、专业、课程号、学期、成绩。并按照学号和课程号升序排序。保存为"ZYCJ"。

操作步骤如下。

(1) 通过"我的电脑"查找并打开"E:\教学管理"文件夹，双击"JXGL.PJX"项目文件图标，启动 VF 的同时打开项目管理器。

(2) 在项目管理器中选择"数据库"→"本地视图"→"新建"→"视图向导"，即可打开"本地视图向导"对话框。

(3) 按照向导的提示逐步完成视图的创建和保存。

【操作练习 1】通过"我的电脑"打开"E:\教学管理"中的 jxgl 项目管理器。用视图向导利用 Xsb、Kcb 和 Cjb 表创建包括学生学号、姓名、性别、专业、课程号、课程名、学分、学期和成绩字段的视图，且按照课程号及学号升序排序。以 CJST 为名保存。

操作提示：参照"操作示范 1"教师的操作步骤。10 分钟之内完成。

8.1.2　使用向导创建查询

【操作练习 2】以 Kcb 和 Cjb 为数据源，用查询向导创建对"高等数学"考试成绩的查询，显示课程号、课程名、学号、学分、学期和成绩字段。以"cx1"为文件名保存并运行查询。10 分钟之内完成。

8.2 用设计器创建视图和查询

【**操作示范 2**】用查询设计器，创建对学生中各门课程考试成绩平均分前 10 名情况的查询，要求显示学号、姓名、性别、专业和平均分字段。以"PJFCX"为文件名保存并运行查询。

操作步骤如下。

(1) 在项目管理器中选择"数据库"→"查询"→"新建"→"新建查询"，即可打开"查询设计器"。

(2) 首先添加表：Xsb 和 Cjb，选择所需字段。平均分不是现有字段，需要输入函数表达式"AVG(成绩) AS 平均分"，添加到所选字段中。

(3) 在"排序依据"选项卡中，添加"平均分"，选择"降序"。

(4) 在"分组依据"选项卡中，添加"学号"。

(5) 在"杂项"选项卡中，"列在前面的记录"取消"全部"，用微调框选择记录个数 10，如图 8.1 所示。

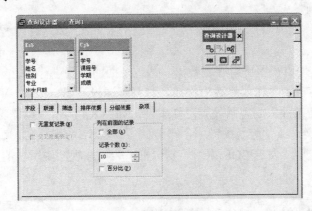

图 8.1 查询设计器

(6) 关闭设计器，以"PJFCX"为名保存。运行查询，结果如图 8.2 所示。

学号	姓名	性别	专业	平均分
2013037106	陈红珂	女	计算机科学	100.00
2013036417	查凯	男	信息管理	99.00
2013037118	李师	女	计算机科学	99.00
2013036416	鄯小军	男	信息管理	98.00
2013036403	乔单单	女	信息管理	97.00
2013036406	朱小玲	女	信息管理	96.00
2013036405	祁莲平	男	信息管理	95.00
2013037103	周权	男	计算机科学	95.00
2013037111	冷艳秋	女	计算机科学	94.00
2012056201	张明丽	女	市场营销	93.00
2013036410	卢苇	女	信息管理	93.00
2013037105	林燕	女	计算机科学	93.00

图 8.2 平均分前 10 名的记录

从查询结果看，共查到 13 条记录。这是因为排序中有相同的平均分，这 13 名学生都属于前 10 名(并列)。

8.2.1　使用设计器创建视图

【操作练习3】用视图设计器以 Xsb 为数据源创建包括所有高考分数在 600~700 分的学生的学号、姓名、性别、专业和高考分数字段的视图,并按高考分数从高到低排列。以"ST2"存盘后,用命令打开视图,浏览显示其中女学生的记录。

操作提示。

(1)　把"筛选条件"设置为"高考分数 between 600,700"。

(2)　保存视图后,用命令打开视图,浏览女学生记录,在浏览窗口中任意移动指针、修改数据,插入一条新记录,给若干条记录添加删除标记等(先写出命令再执行)。

命令:

_____

_____

(通过执行这两条命令体会视图具有"表"的性质,可以像操作表一样使用视图)

(3)　关闭视图浏览窗口,再打开 Xsb 的浏览窗口,观察在视图中修改、插入、作删除标记的记录能否找到。

(显然不会找到,这说明视图中的修改不能传递回源表,因此具有"虚拟性",所以视图称为"虚拟表")

【操作练习4】使用视图更新源表数据。请按下面的步骤进行练习。

(1)　选择视图 ST2,单击"修改"按钮,打开视图设计器。

(2)　单击"更新条件"为视图设置更新条件,如图 8.3 所示。设置后关闭保存。

(这个设置的含义是:学号是关键字,不能修改,我们只允许修改"高考分数"字段。在图的左下角必须选中"发送 SQL 更新"复选框,否则在视图中所做的修改也不会传回到源表中)

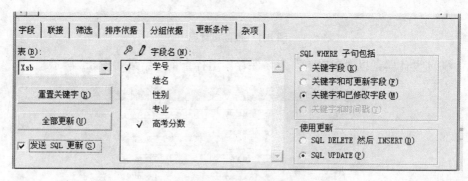

图 8.3　为视图设置更新条件

(3)　用"浏览"按钮打开视图,在视图中修改第一条记录的"高考分数"。把 650 改为为 680。关闭浏览窗口。在命令窗口输入以下命令并执行(注意状态行出现的提示信息):

```
Use
```

(4)　浏览 Xsb,查看"李春霞"的高考分数是否被修改。

(本练习说明视图具有更新表的功能，但是必须设置更新条件)

8.2.2　使用向导创建交叉表查询

【操作练习 5】用查询向导从 Cjb 中查询每个学生各门课程的考试成绩和总分，行为学号，列为课程号，数据为成绩。以"交叉表查询"为名保存。

操作提示：可参照配套教材第 8 讲"例 8.6"的操作步骤。

8.2.3　使用设计器创建查询

【操作练习 6】用查询设计器从 Xsb 创建对 1983 年出生且高考分数大于 570 分学生的查询，按高考分数排序。以"cx4"保存并运行。

【操作练习 7】用查询设计器从 Kcb 和 Cjb 建立统计各门课程考试平均分的查询，字段包括课程名和平均分。用直方图表示查询结果。以"cx5"保存并运行。

操作提示：平均分表达式"AVG(成绩) AS 平均分"，且需要按"课程名"分组。

请仔细参考配套教材第 8 讲例题 8.6 的操作步骤和方法。

【操作练习 8】用查询设计器从 Xsb 和 Cjb 建立课程号'1001'的考试成绩的查询，字段包括学号、姓名、专业、课程号、学期、成绩，按成绩降序排列，但是要求只显示前10%的记录信息。以 cx6 为文件名存盘并运行，观察查询结果有多少条记录。

操作提示：可参看"操作示范 2"的步骤。

8.3　在视图和查询设计器中查 SQL 语句

通过下面的练习题可以进一步理解：视图和查询的本质都是一条 SQL 查询语句，为下面学习 SQL 查询语句奠定基础。

【操作练习 9】按下列要求进行操作。

(1) 选择"本地视图"中的 ST2，单击"修改"，打开视图设计器。在"查询"菜单中执行"查看 SQL(V)"命令，打开 SQL 语句窗口，如图 8.4 所示。将窗口中的命令复制到 VF 的命令窗口中，按 Enter 键执行该命令，观察执行结果。

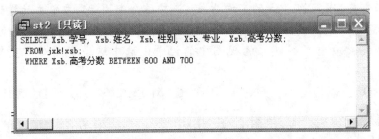

图 8.4　打开 SQL 语句窗口

(2) 选择"查询"中的 CX6，单击"修改"，打开查询设计器。在"查询"菜单中执行"查看 SQL(V)"命令，出现 SQL 语句窗口。将窗口中的命令复制到 VF 的命令窗口

中，按 Enter 键执行该命令，观察执行结果。

(本题说明视图和查询的本质就是一条 SQL-SELECT 语句，设计视图和查询过程比较繁琐，如果能直接写出相应的 SQL-SELECT 语句，就可以更快捷迅速地进行查询了。所以下面我们就要学习 SQL-SELECT 语句)

8.4 国家等级考试模拟题选做

请自行安装从国家等级考试网站下载的 VF 二级考试模拟系统软件，可以结合本次实训进行下列练习。

(1) 做第 1 套模拟题的简单应用题的第 1 题(设计查询)。

(2) 做第 2 套模拟题的简单应用题的第 2 题(设计视图)。

8.5 习 题

1. 思考题

(1) 通过本次练习，是否进一步理解了"视图是虚拟表"的含义？

(2) 通过本次练习，是否进一步理解了"视图和查询的本质就是一条 SQL 语句"？

2. 选择题

(1) 在使用视图之前，必须先打开该视图所在的(　　)。

    A. 项目　　　　　　B. 数据库　　　　　C. 表　　　　　　　　　　D. 查询

(2) 如果需要在视图中选择显示部分记录，需在视图设计器的(　　)选项卡中设置。

    A. 分组依据　　　　B. 筛选依据　　　　C. 排序依据　　　　　　　D. 杂项

(3) 如果需要通过视图修改源表的数据，需在视图设计器的(　　)选项卡中设置。

    A. 分组依据　　　　B. 筛选依据　　　　C. 更新条件　　　　　　　D. 杂项

(4) 如果需要在查询结果中只显示最上部 10 条记录，需要在视图设计器中的(　　)选项卡中设置。

    A. 分组依据　　　　B. 筛选依据　　　　C. 排序依据　　　　　　　D. 杂项

(5) 如果需要查看已经建立的查询结果，选中这个查询后需要单击的按钮是(　　)。

    A. 新建　　　　　　B. 修改　　　　　　C. 浏览　　　　　　　　　D. 运行

(6) 如果需要查看已经建立的视图中的记录，选中这个视图后需要单击的按钮是(　　)。

    A. 新建　　　　　　B. 修改　　　　　　C. 浏览　　　　　　　　　D. 运行

3. 填空题

(1) 视图与查询的区别之一：视图中的记录是可写的，查询结果是_____的。

(2) 视图分为_____和_____两种。

(3) 在使用 Xsb 创建的视图中，看到某学生的专业是"企业管理"，后来在 Xsb 中该学生的专业被修改为"市场营销"，此时再浏览所创建的视图，该学生的专业是_____。

(4) 在使用 Xsb 创建的视图中，未设置更新条件，看到某学生的专业是"企业管理"，现将该学生的专业修改为"市场营销"，此时再浏览 Xsb，该学生的专业是_____。

实训 9 SQL 语言练习(1)

本次实训的教学目标:
- 初步掌握 SQL 语句的概念和特点。
- 初步掌握使用 SELECT 语句进行单表查询。
- 初步掌握 SELECT 语句的规范书写格式。

本次实训需要在完成开发教程第 9 讲的学习后进行,数据库环境可以下载配套光盘目录(或教师提供的共享文件目录)中的教学管理压缩文件到 E 盘根目录,并解压释放到当前文件夹,同时将国家 VF 等级考试模拟软件下载备用。

9.1 SELECT 语句单表查询

9.1.1 设置默认目录

【操作示范 1】启动 VF,将 "E:\教学管理" 设为默认目录。

操作步骤如下。

(1) 通过 "开始" 菜单或桌面快捷方法启动 VF。

(2) 在命令窗口输入以下命令并执行:

```
SET DEFA TO E:\教学管理
```

【操作练习 1】启动 VF,将 E:\教学管理设为默认目录。

操作提示:请参照 "操作示范 1"。

9.1.2 查询指定列

【操作练习 2】依次写出完成下列操作的 SQL 命令并进行调试运行,直到给出正确的结果。

(1) 从 Xsb 查询所有男学生的个人记录,显示所有字段。

命令:_____

_____

(2) 查询所有学生的学号、姓名、性别、专业和高考分数。

命令:_____

_____

(3) 查询所有学生的姓名、专业、学号、课程号、课程名、学期和成绩(直接用视图 cjst 作数据源)。

命令:_____

_____

9.1.3　查询经过计算的列和去掉重复值

【操作练习 3】依次写出完成下列操作的 SQL 命令并进行调试运行，直到给出正确的结果。

(1)　查询所有学生的学号、姓名、性别、专业和年龄(提示：年龄需要计算)。

命令：_____

_____

(2)　查询成绩表(Cjb)中的不重复的课程号(即查询共有哪几门课程有考试成绩)。

命令：_____

9.1.4　带条件的查询

【操作练习 4】依次写出完成下列操作的 SQL 命令并进行调试运行，直到给出正确的结果。

(1)　查询 Xsb 中工业工程专业男学生的信息，显示 Xsb 的所有字段。

命令：_____

_____

(2)　查询 Xsb 中 1983 年出生的企业管理专业学生的学号、姓名、性别、高考分数和出生日期等信息。

命令：_____

_____

9.1.5　对查询结果进行排序

【操作练习 5】依次写出完成下列操作的 SQL 命令并进行调试运行，直到给出正确的结果。

查询 Xsb 中市场营销专业全体学生的情况，要求查询结果按高考分数降序排列。

命令：_____

_____

_____

9.1.6　分组和使用库函数

【操作练习 6】依次写出完成下列操作的 SQL 命令并进行调试运行，直到给出正确的结果。

   (1)　统计输出每个学生各门课程的期末考试成绩，显示学号以及各门课程的最高分、最低分和平均分，并按平均分降序排列(提示：从 Cjb 查询，需要分组和排序)。

    命令：_____

    _____

    _____

    _____

   (2)　查询选修人数多于 20 的各门课程的期末考试成绩，显示课程号、选修人数以及平均分，按课程号升序排列(提示：需要按课程号分组并对分组有要求)。

    命令：_____

    _____

    _____

    _____

    _____

9.1.7　集合条件查询

   【操作练习 7】依次写出完成下列操作的 SQL 命令并进行调试运行，直到给出正确的结果。

   从 Xsb 中查询"工业工程"和"信息管理"两个专业的学生名单，显示所有字段。

   解 1：要求用集合查询。

    命令：_____

    _____

    _____

   解 2：要求不用集合查询。

    命令：_____

    _____

    _____

9.2　不同查询去向

9.2.1　只显示查询结果顶部的若干记录

   【操作练习 8】查询"计算机科学"专业学生的高考成绩，只显示高分的前 10 名的学号、姓名、性别、专业和高考分数(提示：从 Xsb 查询，需要排序)。

   提示：写出 SQL 命令并进行调试运行，直到给出正确的结果。

    命令：_____

    _____

    _____

9.2.2　查询结果保存到临时表

【操作练习 9】统计输出每个专业学生的高考平均分并保存到临时表 TEMP1 中，字段包括专业、高考平均分，按照高考平均分做降序排列(提示：从 Xsb 查询，需要分组和排序)。

提示：写出 SQL 命令并进行调试运行，直到给出正确的结果。

命令：_____

_____

_____

_____

9.2.3　查询结果保存到表

【操作练习 10】统计输出每个专业学生的高考平均分并保存到表 GKPJF 中，字段包括专业、高考平均分，按高考平均分降序排列(提示：从 Xsb 查询，需要分组和排序)。

提示：写出 SQL 命令并进行调试运行，直到给出正确的结果。

命令：_____

_____

_____

_____

9.3　SQL 语言的其他功能

【操作练习 11】依次写出完成下列操作的 SQL 命令并进行调试运行，直到给出正确的结果。

(1)　有仓库表(仓库号 C(5)，城市 C(10)，面积 I)，用 SQL 的 INSERT 命令给它插入一条记录('12001'，'北京'，4000)。

命令：_____

(2)　用 SQL 的 ALTER 命令给仓库表增加一个字段。字段名为：主任，类型为字符型，宽度为 8。

命令：_____

(3)　用 UPDATE 命令将仓库表中城市为"北京"的面积改为 5000。

命令：_____

9.4　国家等级考试模拟题选做

请自行安装国家等级考试 VF 二级考试模拟系统软件，结合本次实训进行下列练习。

(1)　第 9 套模拟题的基本操作题的第 1、2、3、4 题。

(2)　第 6 套模拟题的基本操作题的第 1、2、3、4 题。

9.5　习　　题

1. 思考题

(1)　SELECT 语句最少必须包括哪些子句？一般最多可以有几个子句？

(2)　通过本次练习，您是否进一步了解了 SELECT 语句的强大功能？

2. 选择题

(1)　在 SQL 查询时，GROUP BY 子句用于(　　)。

  A. 指出查询目标   B. 指出查询条件

  C. 指出分组条件   D. 将查询结果排序

(2)　在 SQL 查询时，WHERE BY 子句用于(　　)。

  A. 指出查询目标   B. 指出查询条件

  C. 指出分组条件   D. 将查询结果排序

(3)　在 SQL 查询时，INTO TABLE 子句用于将查询结果保存到(　　)中。

  A. 数组   B. 临时表   C. 表   D. 文本文件

(4)　在 SQL 查询时，"SELECT TOP 10" 的含义是只显示查询结果中的(　　)。

  A. 记录号最小的 10 条记录   B. 顶部前 10 条记录

  C. 顶部前 10% 的记录   D. 记录号最大的 10 条记录

3. 填空题

(1)　SQL-SELECT 语句中，用于确定分组的条件子句是＿＿＿＿＿ BY。

(2)　SQL-SELECT 语句中，用于确定排序的条件子句是＿＿＿＿＿ BY。

(3)　SQL-SELECT 语句中，将查询结果存入表文件的子句是＿＿＿＿＿ TABLE。

实训 10　SQL 语言练习(2)

本次实训的教学目标：
- 继续熟悉和掌握 SQL 查询语句的应用，包括连接查询、嵌套查询和集合查询。
- 掌握 SQL 的 SELECT 语句的不同去向的表达方法。
- 掌握用 SELECT 语句定义视图。
- 完成第三次无纸化作业。

本次实训需要在完成开发教程第 10 讲的学习后进行，数据库环境可以下载配套光盘目录(或教师提供的共享文件目录)中的教学管理压缩文件到 E 盘根目录，并解压释放到当前文件夹。

准备好第三次无纸化作业需要的软件。

10.1　连　接　查　询

10.1.1　设置默认目录

【操作示范 1】启动 VF，将"E:\教学管理"设为默认目录。

操作步骤如下。

(1) 通过"开始"菜单或桌面快捷方法启动 VF。

(2) 在命令窗口中输入以下命令并执行：

```
SET DEFA TO E:\教学管理
```

【操作练习 1】启动 VF，将"E:\教学管理"设为默认目录。

操作提示：请参照"操作示范 1"。

10.1.2　两个表的连接查询

【操作练习 2】查询"市场营销"专业学生的所有课程成绩，包括学生的学号、姓名、专业、课程号、学期和成绩。

操作提示：请先写出命令，再调试运行。

解法 1：用等值连接。

命令：＿＿＿＿＿＿＿＿＿＿＿＿＿＿＿＿＿＿＿＿＿＿＿

＿＿＿＿＿＿＿＿＿＿＿＿＿＿＿＿＿＿＿＿＿＿＿＿＿

＿＿＿＿＿＿＿＿＿＿＿＿＿＿＿＿＿＿＿＿＿＿＿＿＿

解法 2：用超连接。

命令：＿＿＿＿＿＿＿＿＿＿＿＿＿＿＿＿＿＿＿＿＿＿＿

＿＿＿＿＿＿＿＿＿＿＿＿＿＿＿＿＿＿＿＿＿＿＿＿＿

说明：以下各题的连接不做限制，可以根据题目自定。

【操作练习 3】查询"英语"课程考试成绩。显示学生的学号、课程名、学分、学期和成绩，按成绩降序排序。

操作提示：请先写出命令，再调试运行。

命令：＿＿＿＿＿＿＿＿＿＿＿＿＿＿＿＿＿＿＿＿＿＿＿

＿＿＿＿＿＿＿＿＿＿＿＿＿＿＿＿＿＿＿＿＿＿＿＿＿

＿＿＿＿＿＿＿＿＿＿＿＿＿＿＿＿＿＿＿＿＿＿＿＿＿

【操作练习 4】为"市场营销"专业建立一个包括每个学生学号、姓名、专业和各课程平均分的查询。按平均分降序排列。

命令：＿＿＿＿＿＿＿＿＿＿＿＿＿＿＿＿＿＿＿＿＿＿＿

＿＿＿＿＿＿＿＿＿＿＿＿＿＿＿＿＿＿＿＿＿＿＿＿＿

＿＿＿＿＿＿＿＿＿＿＿＿＿＿＿＿＿＿＿＿＿＿＿＿＿

＿＿＿＿＿＿＿＿＿＿＿＿＿＿＿＿＿＿＿＿＿＿＿＿＿

＿＿＿＿＿＿＿＿＿＿＿＿＿＿＿＿＿＿＿＿＿＿＿＿＿

10.1.3 三个表的连接查询

【操作练习 5】查询出所有不及格学生的学号、姓名、专业、课程名、学期和成绩。

操作提示：注意三表连接表的连接顺序。请先写出命令，再调试运行。

命令：＿＿＿＿＿＿＿＿＿＿＿＿＿＿＿＿＿＿＿＿＿＿＿

＿＿＿＿＿＿＿＿＿＿＿＿＿＿＿＿＿＿＿＿＿＿＿＿＿

＿＿＿＿＿＿＿＿＿＿＿＿＿＿＿＿＿＿＿＿＿＿＿＿＿

＿＿＿＿＿＿＿＿＿＿＿＿＿＿＿＿＿＿＿＿＿＿＿＿＿

10.2 嵌套查询

【操作练习 6】列出"市场营销"专业学生的所有成绩表(Cjb)中的记录，显示学号、课程号、学期、成绩。(用嵌套查询)

命令：＿＿＿＿＿＿＿＿＿＿＿＿＿＿＿＿＿＿＿＿＿＿＿

＿＿＿＿＿＿＿＿＿＿＿＿＿＿＿＿＿＿＿＿＿＿＿＿＿

＿＿＿＿＿＿＿＿＿＿＿＿＿＿＿＿＿＿＿＿＿＿＿＿＿

＿＿＿＿＿＿＿＿＿＿＿＿＿＿＿＿＿＿＿＿＿＿＿＿＿

【操作练习 7】查询成绩表(Cjb)中至今没有一门课程成绩的学生的信息。显示学号、姓名、性别、专业、出生日期和高考分数。将查询结果保存到表：无成绩学生，浏览表的记录。

命令：＿＿＿＿＿＿＿＿＿＿＿＿＿＿＿＿＿＿＿＿＿＿＿

＿＿＿＿＿＿＿＿＿＿＿＿＿＿＿＿＿＿＿＿＿＿＿＿＿

10.3 联 合 查 询

【操作练习 8】请查询"信息管理"专业男学生和"计算机科学"专业女学生的信息，显示所有字段。要求使用联合查询。

操作提示：先在下面写出查询语句。

命令：_____

_____

_____

_____

_____

10.4 完成第三次无纸化作业

10.4.1 第三次无纸化作业的题目和完成时间

1. 第三次无纸化作业的题目类型

(1) 选择题。10 小题，每题 2 分。满分 20 分。

(2) 填空题。5 小题，每题 2 分。满分 10 分。

(3) 创建视图查询题。2 小题，每题 20 分。满分 40 分。

(4) 写 SQL 语句题。2 小题。满分 30 分(10+20)。

2. 完成时间

系统设置了参考完成时间为 50 分钟，但是不强制回收作业。

10.4.2 完成第三次无纸化作业操作示范

【操作示范 2】请教师安装和运行"VF 第 3 次无纸化作业"的系统软件，进行登录和完成作业题目操作示范。介绍各题的操作方法和提交作业方法，以及注意事项等。

10.4.3 完成第三次无纸化作业

【操作练习 9】请学生根据教师的示范完成第 3 次无纸化作业。

10.5 习　　题

1. 思考题

(1) 超连接查询有几种形式?

(2) 通过对 SQL 语言的学习,有何收获和体会?

2. 选择题

(1) 在嵌套查询中,子查询语句应该在主查询语句的(　　)子句中。

    A. FROM　　　　　　B. WHERE　　　　　C. GROUP BY　　　　　D. OEDER BY

(2) 关于嵌套查询,下列说法错误的是(　　)。

    A. 嵌套查询的排序可以在子查询中进行

    B. 嵌套查询的排序不能在子查询中进行

    C. 嵌套查询的子查询中可以有筛选子句

    D. 嵌套查询的子查询中可以没有筛选子句

(3) 在联合查询中,各查询语句应该用(　　)连接。

    A. AND　　　　　　B. OR　　　　　　C. UNION　　　　　　D. GROUP

实训 11   报表与标签的设计

本次实训的教学目标：
- 掌握报表向导的使用方法，完成报表的初步设计。
- 掌握报表设计器的使用方法，改进和完善报表设计。
- 掌握标签的设计方法。

本次实训需要在完成开发教程第 11 讲的学习后进行，数据库环境可以下载配套光盘目录(或教师提供的共享文件目录)中的教学管理(压缩文件)到 E 盘根目录，并解压释放到当前文件夹。同时将国家 VF 等级考试模拟软件下载备用。

11.1   创 建 报 表

11.1.1   实训环境准备

【操作练习 1】通过"我的电脑"找到并打开"E:\教学管理"文件夹，然后双击其中的"JXGL.PJX"项目文件图标，启动 VF 并打开项目管理器。

11.1.2   创建快速报表

【操作练习 2】用报表设计器为 Cjb 创建快速报表，选择所有字段，列报表，以 KSBB 为文件名存盘。

操作提示：先通过"新建"报表，打开报表设计器，将 Cjb 添加到数据环境中，关闭数据环境窗口，在"报表"菜单中选择"快速报表"，进行相应设置。

11.1.3   使用向导创建报表

【操作练习 3】用报表向导以视图 CJST 为数据源创建报表，选择学号、姓名、成绩字段，不分组，报表式样为"账目式"，按"学号"升序排序，报表标题为"期末考试成绩报告单"，以 CJBB 为文件名存盘。

操作提示：先通过"新建"报表，选择"报表向导"，将 CJST 视图作为数据源，按提示进行相应设置，输入标题后保存。

11.1.4   使用设计器修改报表

【操作练习 4】用报表设计器修改上面用向导创建的报表 CJBB，通过添加控件，将其设计成如图 11.1 所示的式样。

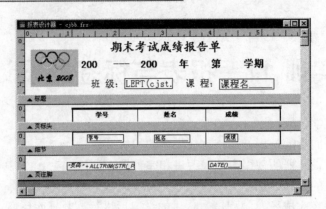

图 11.1　班级成绩报表的格式

操作步骤提示如下。

(1)　在项目管理器中选择报表 CJBB，单击"修改"，打开报表设计器。

(2)　适当拉宽标题部分，按图 11.1 所示添加"图片"、标签，两个"域控件"，其表达式为：LEFT(学号, 8)和"课程名"(此控件也可从数据环境中直接将课程名字段拖入)。

适当设置字体大小。在图片中插入"wht.bmp"图画，并选择"缩放图片，填充图文框"，将页面纸张设置为 B5。

(3)　将 DATE()函数拖到页注脚。

(4)　将页标题按图 11.1 所示进行修改，主要是删除或添加线段，调整线段长度、位置、宽度等。

(5)　调整细节部分。

注意：①　随时可以预览报表效果，进行控件位置、大小等调整。

②　学年和学期需要在报表打印出来后手工填写。

修改后保存，关闭设计器。

11.1.5　运行报表

【操作练习5】填写命令运行报表。

(1)　打印预览"20120561"班"高等数学"的成绩报表。

命令：_____

(2)　打印预览"20120562"班"英语"的成绩报表。

命令：_____

11.2　创 建 标 签

11.2.1　用设计器创建标签

【操作练习6】以学生表(Xsb)为数据源，设计一个打印学籍卡片的标签文件(如图 11.2 所示)，要求打印每个学生的所有字段信息；用 A4 纸张，竖立行打印，一列。每张纸打印两个标签，并用 xsbq 为文件名存盘。

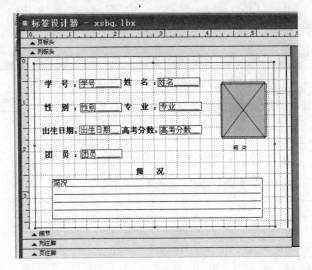

图 11.2　学生标签的格式

操作提示如下。

(1) 不用向导，直接用设计器，向数据环境添加 Xsb。

(2) 设置页面为 A4 纸张，横向，2 列打印。

(3) 从数据环境向空白标签拖放各字段，布局各字段，设置格式。

(4) 按图添加标签，设置字型、字号等。

(5) 整个标签用矩形框围绕，照片用矩形框围绕，简况用矩形框围绕。

设计过程中可以随时预览打印效果。

11.2.2　运行标签

【操作练习 7】按下面的要求写出命令并执行。

(1) 打印预览 20120561 班学生的个人信息标签。

命令：＿＿＿＿＿＿＿＿＿＿＿＿＿＿＿＿＿＿＿＿＿＿＿＿＿＿＿

(2) 打印预览"企业管理"专业学生的个人信息标签。

命令：＿＿＿＿＿＿＿＿＿＿＿＿＿＿＿＿＿＿＿＿＿＿＿＿＿＿＿

11.3　创建一对多报表

【操作练习 8】以学生表(Xsb)和成绩表(Cjb)为数据源，用报表向导设计一个一对多报表文件(如图 11.3 所示)，要求打印每个学生的学号、姓名、性别、专业(父表)、课程号、学期和成绩(子表)等字段信息。并统计每个学生的考试课程门数、最高分、最低分、平均分等。竖向打印，账务式。标题为"学生考试成绩"，以(XSKSCJ)为文件名存盘。

操作提示如下。

(1) 使用向导创建。

(2) 先从父表(Xsb)中选择学号、姓名、性别、专业字段，再从子表(Cjb)中选择课程

号、学期和成绩字段。

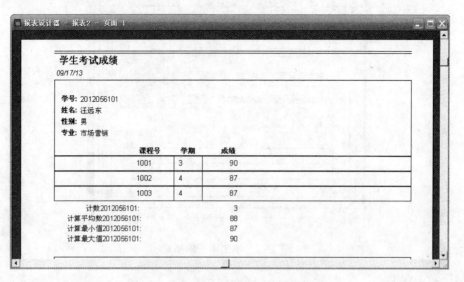

图 11.3　学生考试成绩一对多报表

(3) 选择"账务式",并在"总结选项"中选择"成绩"的"计数"、"平均值"、"最大值"、"最小值"。

(4) 确定打印方式和标题。

设计过程中可以随时预览打印效果。

11.4　国家等级考试模拟题选做

【操作练习 9】请自行安装从国家等级考试网站下载的 VF 二级考试模拟系统软件,可以结合本次实训进行下列练习:第 3 套模拟题的简单应用题的第 2 题。

11.5　习　　题

1. 思考题

(1) 如何显示报表工具栏?如何向报表中添加控件?

(2) 报表设计器的基本栏目有几个?增加分组后有何变化?

2. 选择题

(1) 在创建"快速报表"时,基本带区包括(　　)。

　　A. 标题、细节和总结　　　　　　　　B. 页标头、细节和页注脚

　　C. 组标头、细节和组脚注　　　　　　D. 报表标题、细节和页脚注

(2) 用 Visual FoxPro 建立一个分组报表,最多允许分组的级数为(　　)。

　　A. 1　　　　　　　　B. 2　　　　　　　　C. 3　　　　　　　　D. 4

(3) 下列关于报表带区及其作用的叙述，错误的是(   )。

A. 系统只在报表开始打印时打印一次"标题"带区的内容

B. 系统只在打印时打印一次"页标头"带区的内容

C. 对于"细节"带区，每条记录的内容只打印一次

D. 对于"组标头"带区，系统将在数据分组时每组打印一次其内容

实训 12　程序设计基础(1)

本次实训的教学目标：
- 掌握 Visual FoxPro 程序的建立、修改和运行的方法。
- 掌握结构化程序设计的基本思路和方法。
- 初步掌握顺序结构和分支结构程序的设计方法。
- 初步掌握循环结构程序的设计方法。

本次实训需要在完成开发教程第 12 讲的学习后进行，数据库环境可以下载配套光盘目录(或教师提供的共享文件目录)中的教学管理压缩文件到 E 盘根目录，并解压释放到当前文件夹。同时将国家 VF 等级考试模拟软件下载备用。

12.1　顺序结构程序设计

12.1.1　实训环境准备

【操作练习 1】通过"我的电脑"找到并打开"E:\教学管理"文件夹，然后双击其中的"JXGL.PJX"项目文件图标，启动 VF 并打开项目管理器。

12.1.2　顺序结构程序设计练习

【操作示范】编写一个查询程序：从键盘输入一个课程号，则可以查询该课程所有学生的考试成绩，包括学号、姓名、性别、专业、学期和成绩。按成绩降序排序(以 LT1 为文件名存盘)。

操作步骤如下。

(1) 在 jxgl 项目管理器中，选择"代码"→"程序"，单击"新建"按钮，打开程序设计窗口。

(2) 将下面的程序清单中的命令逐一输入(每输入一行按 Enter 键)。

(3) 单击工具栏中的红色感叹号(!)按钮，调试运行程序，以"LT1"为名保存。

输入"1001"、"1002"和"1210"分别查询。

(4) 如果发现错误，就要及时改正，并继续执行调试，直到得到预想的正确结果。

程序清单如下：

```
*这是一个顺序结构的程序
ACCEPT "请输入课程号:" TO KCH        && 输入课程号
SELECT XSB.学号,姓名,性别,专业,学期,成绩 ;
    FROM XSB JOIN CJB ON XSB.学号=CJB.学号 ;
    WHERE 课程号=KCH ;
    ORDER BY 成绩 DESC
```

请注意注释语句的应用和运行时的出错提示。

【操作练习 2】编写一个查询程序：从键盘输入一个专业，则可以计算该专业所有学生各门课程的考试成绩，包括学号、姓名、性别、专业、课程门数、平均分，按平均分降序排序，并将计算结果存放到 ZYCJ 表中。最后在查询窗口显示该表的所有信息(以LX1202 为文件名存盘)。

操作提示：请先根据题目编写程序，写在下面，再输入计算机进行调试运行。

程序清单：

_____

_____

_____

_____

_____

_____

_____

_____

_____

_____

12.2　分支结构程序设计

12.2.1　IF-ELSE-ENDIF 分支语句

【操作练习 3】编写查询 Xsb 的程序。从键盘输入一个姓名，如果该姓名存在，显示该学生的记录信息，否则显示"查无此人！"(提示：以 LOCATE FOR 语句定位，使用IF-ELSE-ENDIF 分支语句)(以 LX1203 为文件名存盘)。

操作提示：请先根据题目编写程序，写在下面，再输入计算机进行调试运行。

程序清单：

_____

_____

_____

_____

_____

_____

_____

_____

12.2.2　DO-CASE 多分支语句

【操作练习 4】编写一个解一元二次方程 $Ax^2+Bx+C=0$ 的程序。程序运行时，用键盘分别输入 A、B、C 的值，先计算判别式的值，然后用 DO-CASE 分支结构判断、计算和显示方程有无实数根的三种情况(以 LX1204 为文件名存盘)。

操作提示：请先根据题目编写程序，写在下面，再输入计算机进行调试运行。

程序清单：

程序设计好后，分别输入以下三组 A、B、C 值，解方程，并把结果填写在下表中。

A	B	C	有无实根	x1	x2
1	6	9			
3	7	14			
1	8	5			

12.3　循环结构程序设计

【操作练习 5】编写一个查询程序：从键盘输入一个学生的学号，查询该学生所有课程的成绩。要求显示学号、姓名、性别、专业、课程号、学期和成绩等信息。查询一次后，系统提示"是否继续查询？"用户可以继续查询或退出。

(用 DO-WHILE 循环和 SQL 语句)(以 LX1205 为文件名存盘)

操作提示：请先根据题目编写程序，写在下面，再输入计算机进行调试运行。

程序清单：

_____

_____

_____

_____

_____

_____

_____

_____

_____

_____

【操作练习6】在当前文件夹下有一个表 SCORE1。表结构如下。

SCORE1(学号 C10, 少数民族 L, 优秀干部 L, 三好生 L, 考试成绩 I4, 总成绩 I4)

表的前 5 项已有数据。

设计一个程序，计算每一个学生的总成绩。总成绩的计算方法是：

总成绩 = 考试成绩 + 加分

加分的规则是：如果该生是少数民族(即该字段为.T.)，加分 5，优秀干部加分为 10，三好生加分 20，加分不累计，取最高的，如既是优秀干部又是三好生，加分 20(不是 30)。如果都不是，则总成绩等于考试成绩。

最后显示 SCORE1 表的所有信息。

(说明：要求用 DO-WHILE 循环和 DO-CASE 语句相结合，用 REPLACE 语句计算)(以 LX1206 为文件名存盘)

程序清单：

_____

_____

_____

_____

_____

_____

_____

_____

【操作练习7】用命令运行已有程序。

(1) 在"程序"菜单中选择"运行"命令,运行前面建立的程序 LX1203。

(2) 用命令方式运行前面建立的程序 LX1202 和 LX1204。

命令: _____

命令: _____

12.4 国家等级考试模拟题选做

【操作练习 8】如果您有富余时间,可以自行安装从国家等级考试网站下载的 VF 二级考试模拟系统软件,结合本次实训进行下列练习:第4套模拟题的综合应用题。

12.5 习　　题

1. 思考题

(1) 编写和调试程序的主要步骤是什么?

(2) 通过本次练习,您是否进一步了解了程序设计的意义?

2. 选择题

(1) 在 Visual FoxPro 中用于执行程序的命令是(　　)。

    A. DO <文件名>　　　　　　　　　B. RUN <文件名>

    C. ! <文件名>　　　　　　　　　　D. A 和 C 都正确

(2) 退出循环的语句是(　　)。

    A. LOOP　　　　　　　　　　　　B. EXIT

    C. QUIT　　　　　　　　　　　　D. RETURN

(3) 执行下列程序的结果是(　　)。

```
SET TALK OFF
CLEAR
STORE 0 TO A, B
DO WHILE A <= 10
 IF MOD(A, 2) = 0
  B = B + 1
 ENDIF
 A = A + 1
ENDDO
? A, B
SET TALK ON
```

    A. 10　　5　　　　　　　　　　　B. 11　　5

    C. 10　　6　　　　　　　　　　　D. 11　　6

(4) 有如下程序:

```
SET TALK OFF
CLEAR
P = 0
Q = 100
DO WHILE Q > P
 P = P + Q
 Q = Q - 10
ENDDO
? P
SET TALK ON
RETURN
```

程序执行的结果是(　　)。

A. 0
B. 10
C. 100
D. 99

(5) 以下扩展名的程序文件执行时的优先级最高的是(　　)。

A. .EXE
B. .APP
C. .FXP
D. .PRG

实训 13　程序设计基础(2)

本次实训的教学目标:
- 熟练掌握程序的建立、修改和运行的方法。
- 进一步掌握顺序结构和分支结构程序的设计方法。
- 初步掌握循环结构、子程序调用和参数传递的设计方法。
- 掌握国家等级考试修改、调试和运行程序试题的解答方法。

本次实训需要在完成开发教程第 13 讲的学习后进行,数据库环境可以下载配套光盘目录(或教师提供的共享文件目录)中的教学管理压缩文件到 E 盘根目录,并解压释放到当前文件夹。

13.1　循环结构程序设计

13.1.1　实训环境准备

【操作练习 1】通过"我的电脑"找到并打开"E:\教学管理"文件夹,然后双击其中的"JXGL.PJX"项目文件图标,启动 VF 并打开项目管理器。

13.1.2　FOR 循环结构

【操作练习 2】编写一个在屏幕上用星号组成一个等腰三角形的程序。三角形共 5 行,第一行 1 个星号,第二行 3 个星号,第三行 5 个星号等,如图 13.1 所示(以 LX1302 为文件名存盘)。

图 13.1　三角形图案

提示:用双重 FOR 循环。

程序清单:

_____

_____

_____

_____

_____

_____

13.1.3　SCAN 循环结构

【操作练习 3】在默认目录中有 yuangong 表和 zhicheng 表，它们的结构如下：

yuangong(职工编码 C(4), 姓名 C(10), 职称代码 C(1), 工资 N(10, 2), 新工资 N(10, 2))

Zhicheng(职称代码 C(1), 职称名称 C(8), 增加百分比 N(10))

编写并运行符合下列要求的程序：给每个人增加工资，方法是根据 zhicheng 表中相应职称的增加百分比来计算：新工资 = 工资 × (1 + 增加百分比 / 100)。

要求：用 SCAN 循环，用 SQL 的 UPDATE 命令计算增加后的工资。

以 LX1303 为文件名存盘。

程序清单：

*13.1.4　多解循环结构程序

【操作练习 4】编写求水仙花数的程序。所谓水仙花数，是指一个三位数，它等于各位数的立方之和。例如 153。因为 $153=1^3+5^3+3^3$(提示：必须设法分离三位数，本题有多种解)(以 LX1304 为文件名存盘)。

程序清单：

【操作练习 5】编写一个可以用课程号查询选修该门课程的学生成绩的程序。显示学号、姓名、专业、学期和成绩，并按学号升序排序。一个查询完成后，系统询问"是否继续查询？"用户可以选择继续或退出(提示：用 SQL 查询语句从 Xsb 和 Cjb 中查询)(以 LX1305 为文件名存盘)。

程序清单：

_____

_____

_____

_____

_____

_____

_____

_____

_____

13.2　带参数调用程序

【操作练习 6】改写解一元二次方程 $Ax^2+Bx+C=0$ 的程序 LX1204，以 A、B、C 为形式参数。该程序可以判断有无实数解，并输出相应的实数解。用 LX1306 为名存盘。然后在命令窗口用 DO 命令分别以(1，6，9)、(3，7，14)和(1，8，5)为三组实参进行调用。

程序清单：

_____

_____

_____

_____

_____

_____

_____

_____

_____

调用命令：

① _____

② _____

③ _____

将调用结果填写在下表中：

A	B	C	有无实根	x1	x2
1	6	9			
3	7	14			
1	8	5			

思考：以上参数的传递属于哪种传递？

13.3　修改、调试运行有错误的程序

【操作练习 7】当前目录中有一个名为 TEST2.PRG 的程序，有 3 处错误，请修改程序的错误并运行程序(注意：只能在错误所在行修改，不得增加或减少程序行)。

操作提示：请参考配套教材例 13.9 的解答过程。

首先在命令窗口输入命令：

```
MODI COMM TEST2
```

打开程序编辑窗口，然后仔细检查和分析程序错误，纠正错误并调试运行。

13.4　习　　题

选择题

(1)　执行程序：

```
For i=1 to 20
Endfor
? i
```

其运行结果是(　　)。

A. 0　　　　　　　B. 1　　　　　　C. 20　　　　　D. 21

(2)　执行下面的程序，输入 m 的值为 6，则最后显示的结果是(　　)。

```
SET TALK OFF
CLEAR
x=0
i=1
INPUT "请输入一个数:" TO m
DO WHILE x<=m
    x=x+i
    i=i+1
ENDDO
?x
SET TALK ON
```

A. 9　　　　　　　B. 10　　　　　C. 11　　　　　D. 0

实训 14　系统主程序和菜单设计

本次实训的教学目标：
- 掌握应用系统菜单的设计方法、步骤和技巧。
- 掌握主程序的基本结构和设计方法。
- 完成教学管理系统主程序(Main)和系统菜单(xtcd)程序的设计及调试。

本次实训需要在完成开发教程第 14 讲的学习后进行，数据库环境可以下载配套光盘目录(或教师提供的共享文件目录)中的教学管理压缩文件到 E 盘根目录，并解压释放到当前文件夹。同时下载国家 VF 等级考试模拟软件备用。

14.1　菜　单　设　计

14.1.1　实训环境准备

【操作练习 1】通过"我的电脑"找到并打开"E:\教学管理"文件夹，然后双击其中的"JXGL.PJX"项目文件图标，启动 VF 并打开项目管理器。

14.1.2　菜单设计

【操作示范】设计一个菜单 CDLX，该菜单有 3 个菜单项"文件"、"编辑"和"退出"，"文件"菜单下又有两个子菜单："打开"和"保存"。"编辑"菜单下又有两个子菜单："复制"和"删除"。暂时不为各子菜单设计具体操作。当运行菜单程序时，单击"退出"即可恢复 VF 系统菜单。

操作步骤如下。

(1) 启动 VF，打开 jxgl 项目管理器，设置为默认目录。

(2) 在项目管理器中选择"其他"→"菜单"，单击"新建"，打开菜单设计窗口。

(3) 按层次输入菜单各项目，在"退出"菜单项的"结果"中选择"命令"，然后输入以下命令：

```
SET SYSMENU TO DEFAULT
```

(4) 在"菜单"菜单中选择"生成"命令，生成菜单程序并保存。

(5) 运行菜单程序。

【操作练习 2】设计一个菜单 memu_1，该菜单有两个菜单项"查询"和"退出"，当运行菜单程序时，单击"查询"可以实现下列操作：打开教学管理数据库 Jxk，从 Xsb 和 Cjb 中查询"市场营销"专业学生的各门课程的考试成绩，包括学号、姓名、专业、课程号、学期、成绩等字段，并按学号升序排序，学号相同时按课程号升序排序，关闭数据库；单击"退出"即可恢复 VF 系统菜单。

操作提示：请参照"操作示范"创建菜单的步骤。先写出以下代码。

(1) 写出"查询"菜单项的过程代码：

_____

_____

_____

_____

(2) 写出"退出"菜单项的命令代码：

_____

14.1.3 完成"教学管理系统"菜单设计

【操作练习 3】在教师课堂建立的"教学管理系统"菜单(未完成)案例的基础上，用"修改"的方法打开"XTCD"的设计器，继续输入在课堂上未建立的子菜单，并最后生成完整的菜单程序。具体步骤如下。

(1) 在项目管理器"其他"选项卡"菜单"中，找到 XTCD，单击"修改"，打开菜单设计器。

(2) 考试成绩查询子菜单设计：如图 14.1 所示。

(3) 统计报表打印子菜单设计：如图 14.2 所示。

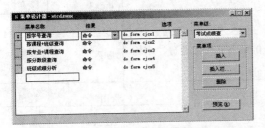
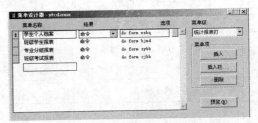

图 14.1 创建"考试成绩查询"子菜单　　　　图 14.2 创建"统计报表打印"子菜单

(4) 系统服务子菜单设计：如图 14.3 所示。

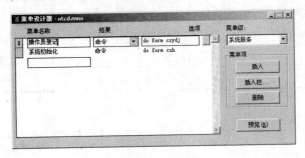

图 14.3 创建"系统服务"子菜单

(5) 生成菜单程序。

菜单修改设计完毕，需要再次运行"生成菜单"，并以"XTCD"的名字存盘。

注意：凡是对菜单进行修改后，都必须再运行"菜单"中的"生成"程序，生成菜单

程序，才能正确运行。

说明：在菜单中，每个最低层菜单项都需要调用一个程序(表单)，结合前面我们进行的系统分析与设计，可把每个被调用程序(表单)的名称汇总，如表 14.1 所示。

表 14.1 "教学管理系统"菜单调用程序一览表

序 号	功 能	需要完成操作	程 序 名	类 型
1	学生档案维护	对学生表数据的输入、修改等，在新生入校时进行	xswh	表单
2	课程数据维护	对课程表数据的输入、修改、删除等	kcwh	表单
3	专业数据维护	对专业表数据的输入、修改、删除等	zywh	表单
4	期末考试成绩输入	按班级输入各门课程期末成绩	cjsr	表单
5	补考成绩输入	按班级输入各门课程补考成绩	bksr	表单
6	按班级查询学生信息	查询某班级学生名单	xscx1	表单
7	按专业查询学生信息	查询某专业学生名单	xscx2	表单
8	按姓或名模糊查询	查同姓或同名的学生	xscx3	表单
9	按学号查询成绩	查询某学生所有课程成绩	cjcx1	表单
10	按班级+课程查询	查询某班级某课程成绩	cjcx2	表单
11	按专业+课程查询	查询专业某课程成绩	cjcx3	表单
12	按分数段+课程查询	查询某课程分数段学生	cjcx4	表单
13	班级考试成绩分析	某班级各学生的最高分、最低分、平均分以及分数段分析等	cjcx5	表单
14	考试成绩浏览	浏览期末和补考成绩(带页框表单)	cjll	表单
15	任意选择查询	查询任意表的任意字段	xzcx	表单
16	学生个人档案	按班级打印学生个人档案(标签)	xsbq	表单
17	班级学生报表	打印某班级学生名单	bjbb	表单
18	专业学生分组报表	按专业打印学生分组报表	zybb	表单
19	班级课程成绩报表	打印班级某门课程成绩单	cjbb	表单
20	操作员登记	新操作员登记	czydj	表单
21	系统初始化	系统有关文件恢复初始状态	csh	表单

14.2　教学管理系统主程序设计

14.2.1　主程序设计

【操作练习 4】打开系统的项目管理器，选择"代码"选项卡中的"程序"→"新建"，打开程序设计器。参照下面的清单，创建"教学管理系统"的主程序：

```
*主程序 Main.prg
SET TALK OFF
SET EXAC ON              && 设置字符串精确比较
SET STATUS OFF           && 关闭系统状态行
SET SYSMENU OFF          && 关闭 Visual FoxPro 系统菜单
SET SAFE OFF
SET CENT ON              && 设置日期年份为 4 位
_screen.windowstate=2    && 设置运行屏幕窗口最大化
****以上各语句是设置系统主要运行环境参数
CLEAR
OPEN DATABASE Jxk        && 打开数据库
*DO FORM dl
*READ EVENTS             && 以上两条语句是运行操作员登录表单，检验姓名和密码
*DO FORM fmbd
*READ EVENTS             && 以上语句是运行系统封面表单
DO  xtcd.mpr
READ  EVENTS            && 以上两条语句是调用系统菜单，形成操作循环
CLEAR WINDOWS
CLOS DATA
SET SYSMENU TO DEFA      && 恢复 Visual FoxPro 系统菜单
RETURN
```

将上述程序输入后，进行调试，若能正确执行，说明设计成功。存盘时用 Main 作为文件名，即主程序之意。

说明：由于目前登录表单(dl)、封面表单(fmbd)都没有设计，故先把调用它们的语句前面加上一个"*"号，表示暂时不执行。

14.2.2   主程序与系统菜单连接调试

【操作练习 5】运行主程序(Main)，观察是否能够正常调用系统菜单，是否能正常调用已通过表单向导创建完成的"基础数据维护"的三个数据维护表单：学生数据维护、课程数据维护以及专业数据维护，是否能够正常退出，返回 Visual FoxPro 系统。

如果能够正常运行，说明主程序和系统菜单的设计工作已经完成。

14.3   国家等级考试模拟题选做

【操作练习 6】请自行安装从国家等级考试网站下载的 VF 二级考试模拟系统软件，结合本次实训进行下列练习：第 7 套模拟题的基本操作题(1)。

14.4 习 题

1. 思考题

(1) 为什么创建菜单后一定要"生成"菜单程序?

(2) 通过本次练习,您是否进一步了解了菜单的主要作用?

(3) 主程序的主要作用是什么?

2. 选择题

(1) 主程序中调用对象程序(表单、菜单)时采用"事件驱动机制",在 DO 语句后必须执行以下哪条命令,才能正常运行? ( )

    A. READ EVENTS   B. CLEAR EVENTS

    C. READ CYCLE   D. DO CONTINUE

(2) 主程序中调用对象程序(表单、菜单)时采用"事件驱动机制",在被调用的程序(表单、菜单)的代码中执行以下哪条命令,才能正常退出? ( )

    A. READ EVENTS   B. CLEAR EVENTS

    C. RETURN   D. EXIT

(3) "生成"菜单程序后,其扩展名是( )。

    A. MNX   B. MNT   C. MPR   D. PRG

3. 填空题

(1) 在菜单设计器中,每个菜单名称的"结果"下拉列表框中有_____、_____、充填名称和_____四个选项。

(2) 在设计菜单时,如果要查看设计效果,可以单击_____按钮。

(3) 在设计菜单时,如果要生成菜单程序,可以选择"菜单"菜单中的_____命令。

实训 15　表单设计(1)

本次实训的教学目标：

- 初步掌握表单设计器环境、表单设计的基本过程和方法。
- 通过练习掌握表单的属性、方法和事件等主要概念。
- 掌握标签、编辑框和命令按钮等控件的属性设置和使用。
- 掌握为控件编写代码的基本方法。

本次实训需要在完成开发教程第 15 讲的学习后进行，数据库环境可以下载配套光盘目录(或教师提供的共享文件目录)中的教学管理压缩文件到 E 盘根目录，并解压释放到当前文件夹。同时下载国家 VF 等级考试模拟软件备用。

15.1　表　单　设　计

15.1.1　实训环境准备

【操作练习 1】通过"我的电脑"找到并打开"E:\教学管理"文件夹，然后双击其中的"JXGL.PJX"项目文件图标，启动 VF 并打开项目管理器。

15.1.2　具有打印功能的表单

【操作练习 2】设计"教学管理系统"的"学生个人档案"打印表单(xsbq)。

要求：用表单设计器设计，表单的功能是利用前面设计的学生个人信息的标签格式文件(xsbq)，按班级打印学生个人档案信息。表单外观如图 15.1 所示。表单运行时输入班级号，即可打印该班的学生标签(学生卡片)。以 xsbq 为文件名存盘。

操作步骤提示。

(1) 在项目管理器窗口中，选择"表单"→"新建"→"新建表单"，创建一个空白表单，适当拖动大小，在属性窗口设置表单自动居中，表单标题为"按班级打印学生个人档案"。

(2) 用表单控件工具栏在表单上添加 2 个标签，并输入标签文字。

(3) 添加文本框(TEXT1)，可以输入班级号，其 InputMask 属性设置为 99999999，只能输入数字。

(4) 添加命令按钮"预览打印"和"返回"，设置其文字标题。

(5) 代码设计如下。

① 为表单的初始化事件(init)编写代码，定义一个公共内存变量，以便在调用报表文件时使用。

命令：　　　　PUBLIC　bj

② 为"预览打印"按钮(command1)的单击(Click)事件编写代码。

代码：_____

_____

③ 为"返回"按钮(command2)的单击事件(Click)编写代码。

代码：_____

将代码输入后保存和运行调试表单，直到能正常运行。

15.1.3 具有查询功能的表单

【操作练习 3】设计一个查询表单 CX_m，外观如图 15.2 所示。表单的标题为"信息查询"。该表单有一个标签 label1，标题为"专业："。一个文本框 Text1，两个命令按钮，名称分别为 cmd1 和 cmd2，标题分别为"查询"和"退出"。

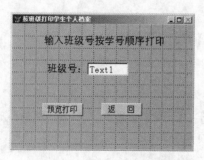

图 15.1　学生个人档案打印表单

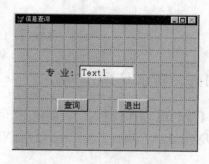

图 15.2　学生信息查询表单

要求：在表单运行时，表单自动居中。在文本框中输入某专业名字，单击"查询"按钮，即可从 Xsb 和 Cjb 中查询该专业所有学生各门课程的考试成绩，显示学号、姓名、专业、课程号、学期、成绩，且按学号升序排列，学号相同时，按课程号升序排列。单击"退出"按钮，即可释放表单。

操作步骤提示：表单的外观设计可参照前面的练习题。特别要注意添加命令按钮时需要按题目要求修改其 name 属性(如将 command1 改为 cmd1)。

还要按照题目要求编写事件代码。

(1) 为表单的初始化事件(init)编写代码，定义一个公共内存变量，以便在调用报表文件时使用。

命令：　　PUBLIC　bj

(2) 编写"查询"按钮 cmd1 单击(Click)事件的代码：

_____

_____

_____

_____

(3) 编写命令按钮 cmd2(即"退出"按钮)的单击(Click)事件的代码：

_____

程序调试：分别以"市场营销"和"企业管理"两个专业进行查询。

15.1.4 新操作员登记表单

【操作练习 4】设计新操作员登记的表单，完成登记的操作员才能运行"教学管理系统"。表单的外观如图 15.3 所示。以 CZYDJ 为名保存。

图 15.3 "新操作员登记"表单的外观

表单上的 3 个文本框可以输入姓名、密码和核对密码，其中密码和核对密码为不可见输入(输入信息时只显示星号*)。

还要按照题目要求编写事件代码。

输入后首先检查操作员表(Czy)中是否已经有相同的姓名，若已经有，则提示；否则核对两个密码是否相同，若不相同，系统提示并要求重新输入密码，若相同则进行登记。

操作步骤提示：表单的外观设计可参照前面的练习题。特别要注意添文本(TEXT2 和 TEXT3)时需要按题目要求修改其 PasswordChar 属性为********(密码属性)。

代码设计如下。

(1) 为"确认"按钮的单击事件(Click)编写代码：

```
xm1=trim(thisform.text1.value)
mm1=trim(thisform.text2.value)
mm2=trim(thisform.text3.value)
USE czy
LOCAT FOR                                    ??
IF found()
  messagebox('已有此人！'， 48，'提示')
    thisform.text1.setfocus
  ELSE
  IF mm1<>mm2
    messagebox('密码核对有误，请重新输入！'， 48，'提示')
    thisform.text2.setfocus
  ELSE
  INSERT                                     ??
  messagebox('登记成功！'， 48，'提示')
```

```
              USE
          ENDIF
        ENDIF
```

(带 "??" 的是需要用户自己补充填写完整的命令)

(2) 为 "取消" 按钮的单击事件(Click)编写代码。

代码: _____

💡 **注意:** 　完成以上表单设计后,可选择项目管理器中已设计好的主程序(Main),并
　　　　　　运行它,然后看能否正确调用 "报表打印" 和 "操作员登记" 功能。

15.2 国家等级考试模拟题选做

【操作练习 5】请自行安装从国家等级考试网站下载的 VF 二级考试模拟系统软件,
结合本次实训进行下列练习:第 1 套模拟题的简单应用题(2)。

15.3 习　　题

1. 思考题

(1) 如何打开表单设计器工具栏和表单控件工具栏?

(2) 如何打开和使用布局工具栏?

(3) 要使标签透明且能自动设置大小,应如何设置?

2. 选择题

(1) 如果一个文本框中的 passwordchar 属性为*,说明文本中( )。

　　A. 可输入任意长的一字符串 　　　　B. 可输入任意一个字符

　　C. 输入字符时,文本不显示 　　　　D. 输入一字符时,文本显示一个*

(2) 创建表单时,不可以添加新的( )。

　　A. 属性　　　　　B. 方法　　　　　C. 事件　　　　　D. 控件

(3) 表单中含有一个命令钮 command1,若要使其不可见,应设置( )属性为.F.。

　　A. Enabled　　　　B. Visible　　　　C. Hide　　　　D. Show

(4) 在 Visual FoxPro 中表单文件的扩展名是( )。

　　A. .DBC　　　　　B. .DBF　　　　　C. .SCX　　　　　D. .MPX

3. 填空题

(1) 在表单上显示一些文字,需要用_____控件。

(2) 在表单上用键盘输入数据(文本、数字或日期),需要用_____控件。

(3) 单击命令按钮,使其执行某些操作,需要给它的_____事件编写代码。

实训 16　表单设计(2)

本次实训的教学目标：
- 初步掌握表单数据环境的使用方法。
- 初步掌握组合框、列表框、表格、容器、时钟控件的基本属性设置和使用方法。
- 初步掌握查询表单的设计方法。

本次实训需要在完成开发教程第 16 讲的学习后进行，数据库环境可以下载配套光盘目录(或教师提供的共享文件目录)中的教学管理压缩文件到 E 盘根目录，并解压释放到当前文件夹。

16.1　表 单 设 计

16.1.1　实训环境准备

【操作练习 1】通过"我的电脑"找到并打开"E:\教学管理"文件夹，然后双击其中的"JXGL.PJX"项目文件图标，启动 VF 并打开项目管理器。

16.1.2　具有表格控件的表单

【操作练习 2】设计"教学管理系统"的"专业数据维护"表单(zywh)。

要求：设计窗口式的专业数据维护表单(zywh)。该表单的外观设计如图 16.1 所示。表格控件用生成器选择 Zyb 的所有字段，能够对专业表(Zyb)进行记录更新和删除等操作。

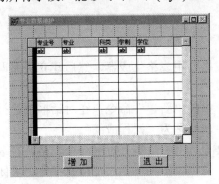

图 16.1　"专业数据维护"表单

表格有命令按钮"增加"和"退出"，单击"增加"按钮，可以给 Zyb 增加一条空白记录，在表格内可以用键盘输入相关信息。要删除某条记录，可直接在记录前面的空格中单击，添加删除标记。单击"退出"按钮，则可以释放表单。

在数据环境中设置 Zyb 为独占性。

存盘后用此表单代替原来用表单向导自动生成的表单。

代码设计。

(1) 为"增加"按钮(command1)的单击(Click)事件编写代码。

代码：＿＿＿＿＿＿＿＿＿＿＿＿＿＿＿＿＿＿＿＿＿＿＿＿＿＿＿＿

(2) 为"退出"按钮(command4)的单击(Click)事件编写代码：在释放表单前，要对 Zyb 中已经做过删除标记的记录进行物理删除。

代码：＿＿＿＿＿＿＿＿＿＿＿＿＿＿＿＿＿＿＿＿＿＿＿＿＿＿＿＿

＿＿＿＿＿＿＿＿＿＿＿＿＿＿＿＿＿＿＿＿＿＿＿＿＿＿＿＿＿＿＿＿

＿＿＿＿＿＿＿＿＿＿＿＿＿＿＿＿＿＿＿＿＿＿＿＿＿＿＿＿＿＿＿＿

＿＿＿＿＿＿＿＿＿＿＿＿＿＿＿＿＿＿＿＿＿＿＿＿＿＿＿＿＿＿＿＿

【操作练习 3】用设计器创建具有两个表格控件的父子表关联表单，外观如图 16.2 所示。上面的表格中显示父表 Kcb 信息，下面的表格中显示子表 Cjb 信息。表单运行时自动居中，当用鼠标单击 Kcb 的某条记录时，下面的表格即可自动显示该课程各学生的考试成绩(即两个表建立了关联关系)。表单文件名为 KCBD。

图 16.2　课程成绩表单

(1) 操作提示。

分析：表单中的两个表格要用表格生成器，然后建立关系即可。

(2) 操作步骤。

① 选择"文件"菜单中的"新建"命令，在对话框中选择"表单"，不用向导。

② 设置表单自动居中，标题为"课程成绩"。

③ 添加"表格"(GRID1)，在表单上拖出一个表格，在表格上单击鼠标右键，从快捷菜单中选择"生成器"，选择"KCB"，添加所有字段。关闭生成器。

④ 再添加"表格"(GRID2)，在表单上拖出一个表格，如图 16.3 所示。然后在表格上单击鼠标右键，从快捷菜单中选择"生成器"，选择"Cjb"，添加所有字段。选择"关系"，具体设置如图 16.4 所示。

关闭生成器。

⑤ 单击红色感叹号(!)，保存并运行表单。

也可参考配套教材例题 16.2 的设计步骤。

图 16.3　在表单上添加两个表格控件

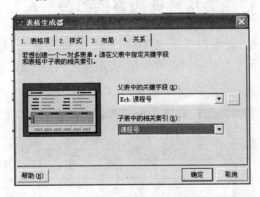

图 16.4　设置表格关系

16.1.3　具有组合框控件的打印表单

【操作练习 4】设计"教学管理系统"的"按专业打印学生分组报表"的表单(zybb)。表单的外观设计如图 16.5 所示。要求能够在组合框中选择要打印的专业，单击"预览打印"按钮即可预览和打印该专业的分组报表，按已经设计好的分组报表(xsfzb)格式打印。

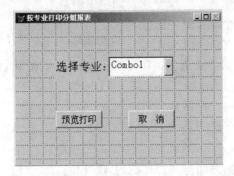

图 16.5　"按专业打印分组报表"表单的外观

操作提示：首先创建空白表单，设置基本属性。在表单数据环境中添加 Xsb。添加一个标签，其 caption 属性为"选择专业"，添加一个组合框，用生成器选择 Zyb 的"专业"，添加两个命令按钮，分别为"预览打印"和"取消"。适当设置控件的字号大小、

位置等属性。

为主要事件编写代码。

(1) 为"预览打印"按钮的 Click 事件编写代码。

代码：＿＿＿＿＿＿＿＿＿＿＿＿＿＿＿＿＿＿＿＿＿＿＿＿＿＿＿＿＿＿

＿＿＿＿＿＿＿＿＿＿＿＿＿＿＿＿＿＿＿＿＿＿＿＿＿＿＿＿＿＿＿＿＿＿

＿＿＿＿＿＿＿＿＿＿＿＿＿＿＿＿＿＿＿＿＿＿＿＿＿＿＿＿＿＿＿＿＿＿

(2) 为"取消"按钮的 Click 事件编写代码。

代码：＿＿＿＿＿＿＿＿＿＿＿＿＿＿＿＿＿＿＿＿＿＿＿＿＿＿＿＿＿＿

调试运行：设计好后，运行表单，任意选择专业，观察打印预览的效果。

16.1.4 具有组合框和表格控件的查询表单

【操作练习5】设计"教学管理系统"的"按专业查询学生信息"的表单(xscx2)。

(1) 要求：设计一个按"专业"查询学生记录的表单(xscx2)，如图 16.6 所示。具体要求如下。

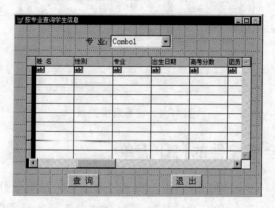

图 16.6　"按专业查询学生信息"表单的外观

① 表单自动居中，标题为"按专业查询学生信息"。

② 查询的专业从一个组合框中选取。

③ 表单的数据源为 Xsb。用 SQL 语句进行查询。

④ 选择专业后，单击"查询"按钮(command1)，则在下面表格中显示该专业学生的记录。

⑤ 单击"退出"按钮，则释放表单。

此表单以 xscx2 为名存盘。

(2) 操作提示。

① 添加"组合框"的方法与"操作练习4"相同。

② 添加表格控件后，在属性窗口设置 RecordSourceType(数据源类型)选择为 4(SQL 说明)，表格列数选择为 9，并将各列设置为与 Xsb 字段相同的标题(学号、姓名、性别、专业、出生日期、高考分数、团员、简况、照片)。在未查询前，表格内无数据。

(3)　编写代码。

①　为表单的初始化事件(init)编写代码。

代码：　　public zy

　　　　　thisform.grid1.recordsource ="""

②　为"查询"按钮(command1)的单击(Click)事件编写代码：使表格中显示指定专业的学生记录并刷新表单。

代码：＿＿＿＿＿＿＿＿＿＿＿＿＿＿＿＿＿＿＿＿＿＿＿＿＿＿＿

　　　＿＿＿＿＿＿＿＿＿＿＿＿＿＿＿＿＿＿＿＿＿＿＿＿＿＿＿

　　　＿＿＿＿＿＿＿＿＿＿＿＿＿＿＿＿＿＿＿＿＿＿＿＿＿＿＿

　　　＿＿＿＿＿＿＿＿＿＿＿＿＿＿＿＿＿＿＿＿＿＿＿＿＿＿＿

　　　＿＿＿＿＿＿＿＿＿＿＿＿＿＿＿＿＿＿＿＿＿＿＿＿＿＿＿

③　为"退出"按钮(command2)的单击(Click)事件编写代码。

代码：＿＿＿＿＿＿＿＿＿＿＿＿＿＿＿＿＿＿＿＿＿＿＿＿＿＿＿

16.1.5　具有计时器控件的表单

【操作练习 6】设计一个可以显示当前日期和时间的表单，外观如图 16.7 所示。表单上添加一个标签、两个命令按钮和一个计时器控件，表单在运行时，单击"日期"按钮，标签显示当前日期，单击"时钟"按钮，标签则显示按秒计时的时钟。以 riqi 为名保存。

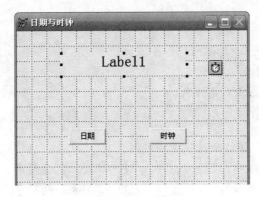

图 16.7　具有时钟控件的表单外观

(1)　操作步骤提示。

①　选择"文件"→"新建"命令，在对话框中选择"表单"，不用向导。

②　设置表单自动居中，标题为"日期与时钟"。

③　添加标签控件 Label1，适当拖动扩大，使其在表单中间位置，设置字号为 16，稍微大些。

④　添加两个按钮，分别设置文字为"日期"和"时钟"。

⑤　添加计时器控件，将其 interval 属性设置为 1000。

(2)　编写代码。

①　时钟控件 timer 事件代码：

_____

② "日期"按钮的 Click 事件代码：

_____

_____

③ "时钟"按钮的 Click 事件代码：

_____

_____

_____

设计并输入代码后调试运行，看是否能够正确显示日期和时钟。

16.2   国家等级考试模拟题选做

【操作练习 7】如果您有富余时间，可以自行安装从国家等级考试网站下载的 VF 二级考试模拟系统软件，结合本次实训进行下列练习：第 6 套模拟题的简单应用题(2)。

16.3   习   题

1. 思考题

(1) 表格的数据源有几种类型？

(2) 组合框的数据源有几种类型？

(3) 时钟控件的主要作用是什么？

2. 选择题

(1) "表格生成器"的 4 个选项卡不包括：

    A. "样式"选项卡   B. "按钮"选项卡

    C. "布局"选项卡   D. "关系"选项卡

(2) 对于表格的叙述，不正确的是(　　)。

    A. 用行和列的形式显示数据   B. 由若干个列对象组成

    C. 列对象包含标头和控件   D. 用起来不如 browse 窗口灵活方便

(3) 如果文本框的 INPUTMASK 属性值是#99999，允许在文本框中输入的是(　　)。

    A. +12345   B. abc123   C. $12345   D. abcdef

(4) 下面关于表单若干常用事件的描述中，正确的是(　　)。

    A. 释放表单时，UNLOAD 事件在 DEXTROY 事件之前引发

    B. 运行表单时，INIT 事件在 LOAD 事件之前引发

    C. 单击表单的标题栏，引发表单的 Click 事件

    D. 上面的说法都不对

3. 填空题

(1) 在 Visual FoxPro 中，要改变表单上表格对象中的列数，应设置表格的_____属性值。

(2) 控制计时器时间间隔的属性是_____，它的单位是_____，其主要事件是_____。

(3) 在向表单添加组合框控件时，要用到的设计工具是_____。

实训 17　表单设计(3)

本次实训的教学目标：
- 初步掌握复选框、选项组、命令按钮组、微调和页框控件的使用方法。
- 完成第 4 次无纸化作业。

本次实训需要在完成开发教程第 17 讲的学习后进行，数据库环境可以下载配套光盘目录(或教师提供的共享文件目录)中的教学管理压缩文件到 E 盘根目录，并解压释放到当前文件夹。同时准备好第 4 次无纸化作业软件备用。

17.1　复选框、按钮组和微调控件的使用

17.1.1　实训环境准备

【操作练习 1】通过"我的电脑"找到并打开"E:\教学管理"文件夹，然后双击其中的"JXGL.PJX"项目文件图标，启动 VF 并打开项目管理器。

17.1.2　复选框、按钮组和微调控件的使用

【操作练习 2】在项目管理器中创建空白表单，用表单控件工具栏添加复选框、按钮组和微调控件，如图 17.1 所示。

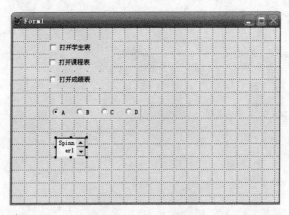

图 17.1　向表单添加控件

具体要求如下。

(1) 添加 3 个复选框，其文字显示如图 17.1 所示。

(2) 添加一个选项按钮组，用生成器输入 4 个选项，分别为 A、B、C、D，水平布局，间隔 20。

(3) 添加 1 个微调框，设置允许的最大值为 100，最小值 70，每次增加 0.5。

添加后运行表单，观察这些控件在运行时的表现，是否满足题目要求。

17.2　命令按钮组的使用

【操作练习 3】在项目管理器中创建可以逐条查看 Zyb 所有记录的表单，如图 17.2 所示。用表单控件工具栏添加复选框、按钮组和微调控件，如图 17.2 所示。然后以 ckzy 为名保存。

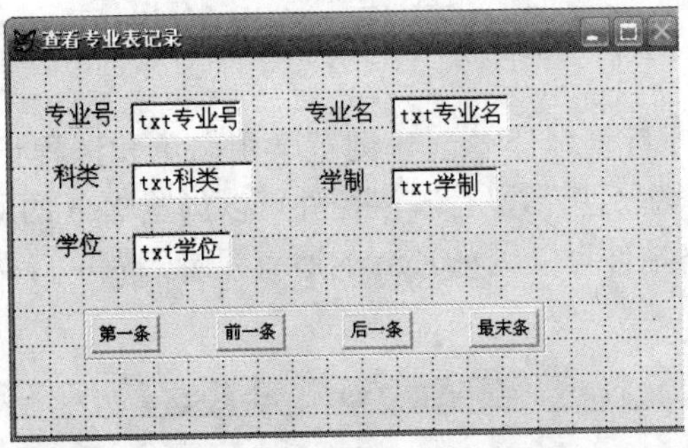

图 17.2　可以逐条查看 Zyb 所有记录的表单

具体要求如下。

(1)　表单标题：查看专业表记录，运行时自动居中。

(2)　上面 4 个标签和文本框是从数据环境中 Zyb 逐一拖出各个字段。设置字号，宽和高做必要调整。

(3)　下面 4 个按钮是命令按钮组，用生成器设置为如图 17.2 所示的格式。

当表单运行时，单击某个按钮，则可以查看到相应的记录信息。

操作提示：请参照配套教材例题 17.3，建议为每个按钮分别写代码，比较简洁。

先写出各命令按钮的代码：首先用鼠标右击命令按钮组，选择"编辑"命令，命令按钮组四周出现绿色矩形框，双击每个命令按钮，打开代码窗口，分别写入其 Click 代码。各代码如下。

①　"第一条"按钮的 Click 代码：

_____

_____

②　"前一条"按钮的 Click 代码：

_____

_____

_____

_____

③　"后一条"按钮的 Click 代码：

_____

④ "最末条"按钮的 Click 代码：

17.3 页框控件的使用

【操作练习 4】在项目管理器中创建浏览学生名单和课程记录的表单，包括两个页面，页面 1 的标题是"学生名单"，有表格控件可以浏览 Xsb 的所有信息，页面 2 的标题是"开设课程"，有表格控件可以浏览 Kcb 的所有记录。表单自动居中。如图 17.3 所示。以 ykbd 为名保存。

图 17.3　使用页框控件

操作提示：请参照配套教材中的例题 17.4。

17.4　完成第四次无纸化作业

17.4.1　第四次无纸化作业的题目和完成时间

1. 第四次无纸化作业的题目类型

(1) 选择题。13 小题，每题 2 分。满分 26 分。

(2) 填空题。7 小题，每题 2 分。满分 14 分。

(3) 报表或程序设计题。1 小题。满分 20 分。

(4) 建菜单题。1 小题。满分 20 分。

(5) 建表单题。1 小题。满分 20 分。

其中的后 3 个题要求创报表、菜单或表单，或修改调试程序，类似国家等级考试的简单应用题。

2. 完成时间

系统设置了参考完成时间为 60 分钟，但是不强制回收作业。

17.4.2　完成第四次无纸化作业操作示范

【操作示范】请教师安装和运行"VF 第 4 次无纸化作业"的系统软件，进行登录和完成作业题目操作示范。介绍各题操作方法和提交作业方法，以及注意事项等。

17.4.3　学生完成第四次无纸化作业

请学生自行安装和运行"VF 第 4 次无纸化作业"的系统软件，进行登录和完成作业题目，提交作业。

17.5　习　　题

1. 思考题

(1)　表格、容器、复选框和选项组中哪些有生成器？哪些没有？

(2)　编写命令按钮组的 Click 事件代码有几种方法？如何操作？

2. 选择题

(1)　在表单设计器环境下，要选定表单中某命令组里的某个命令按钮，可以(　　)。

　　A. 单击命令按钮

　　B. 双击命令按钮

　　C. 右击命令组，选择"编辑"命令，再单击命令按钮

　　D. 右击命令组

(2)　一个表单中有一个文本框 text1 和一个命令组 commandgroup1，命令组中含有 command1 和 command2 两个命令按钮，要在 command1 的方法中访问 text1 的 Value 属性值，应该用(　　)。

　　A. This.Thisform.Text1.Value　　　　B. This.Parent.Parent.Text1.Value

　　C. Thisform.Parent.Text1.Value　　　D. Thisformset.Text1.Value

(3)　下面的控件中没有设计器的是(　　)。

　　A. 组合框　　　　B. 列表框　　　　C. 按钮组　　　　D. 复选框

实训 18 应用程序连编及期末模拟考试

本次实训的教学目标：

- 掌握设置系统主程序和设置"项目信息"的主要内容和方法。
- 掌握应用程序连编的方法。
- 掌握安装和登录 VF 模拟考试软件的方法。
- 掌握使用无纸化模拟考试软件答题和交卷的步骤和方法。

本次实验需要在完成开发教程第 18 讲的学习后进行，数据库环境可以下载配套光盘目录(或教师提供的共享文件目录)到"E:\教学管理"，或由教师用其他方法提供。同时准备好 VF 期末模拟考试软件备用。

18.1 系统调试与连编

18.1.1 教学管理系统源程序调试

【操作练习 1】本操作将调试教学案例中开发的"教学管理系统"，来验证和完善系统的功能。

操作步骤提示。

(1) 通过"我的电脑"找到并打开"E:\教学管理"文件夹，双击"JXGL.PJX"项目文件图标，启动 VF 并打开项目管理器。

(2) 单击"代码"选项卡，在"程序"列表中找到主程序"MAIN.PRG"，单击"运行"按钮，弹出如图 18.1 所示的系统登录窗口，即可进行登录。请使用如下数据登录：

操作员名：1001   密码：88888888

(也可用 1002 和 66666666)

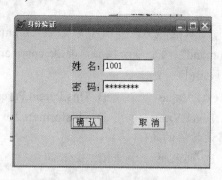

图 18.1 系统登录窗口

(3) 正确登录系统后，即可弹出系统封面，系统封面关闭后，将会出现系统主菜单，如图 18.2 所示。即可进行系统调试了。

(4) 系统调试步骤和内容如下。

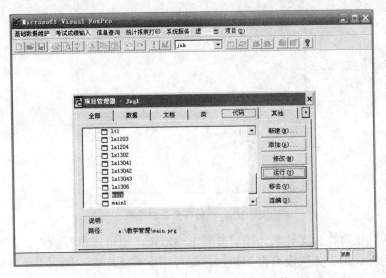

图 18.2　系统主菜单

　　因为时间关系，不可能过于仔细地调试。可以逐项展开菜单的各个项目，选择其中若干项执行，观察是否能够正确执行。如查询、报表打印等。

　　建议执行一次"新操作员登记"命令，把本人的姓名和密码输入计算机中。然后"退出"系统，再运行主程序，用自己的姓名和密码登录。

　　如果一切顺利，就可以进行系统连编了。

18.1.2　教学管理系统源程序连编

　　【操作练习 2】在项目管理器中进行系统连编，目的是生成"教学管理系统"的可执行文件。

　　操作步骤提示：请参考配套教材第 18 讲中系统连编的操作步骤进行。

　　(1)　在项目管理器中找到程序：MAIN，将其设置为"主文件"。

　　(2)　根据需要设置项目信息。

　　(3)　选定主文件，单击"连编"按钮，弹出"连编选项"对话框，如图 18.3 所示，选择"连编可执行文件"，单击"确定"按钮，弹出"另存为"对话框，如图 18.4 所示。

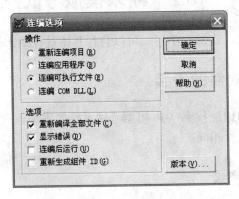

图 18.3　"连编选项"对话框

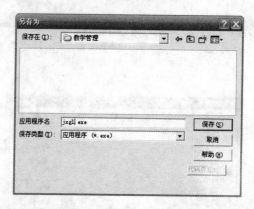

图 18.4 "另存为"对话框

(4) 系统默认可执行文件名为项目文件名 JXGL，也可以自行确定，单击"保存"按钮，即开始进行连编。如果没有严重错误，即可完成系统连编，得到"教学管理系统"的可执行文件了，文件名为 JXGL.EXE。

18.1.3 运行教学管理系统可执行程序

【操作练习3】请分别用以下方法运行"教学管理系统"。

(1) 在 VF 环境中用 DO 命令运行。

在命令窗口输入命令：

```
DO JXGL
```

(2) 用鼠标双击可执行文件运行。

关闭 VF，在"E:\教学管理"文件夹中找到可执行文件 JXGL.EXE，双击其图标，即可运行。

(3) 从桌面快捷方式运行。

在可执行文件上单击鼠标右键，从快捷菜单中选择"发送到桌面快捷方式"命令，即可在桌面建立快捷方式。双击快捷方式图标，即可运行。

18.2 期末模拟考试

对于完成了系统调试、连编的学生，可以自行开始进行期末模拟考试。

18.2.1 模拟考试软件的安装

请学生在教师指定的地址找到 VF 模拟考试系统的安装软件，然后进行安装。安装方法和步骤与无纸化作业软件相同。

18.2.2 模拟考试登录

登录 VF 无纸化模拟考试系统与登录无纸化作业系统(单机版)非常相似，正确安装模拟考试系统后，系统弹出登录窗口，如图 18.5 所示。

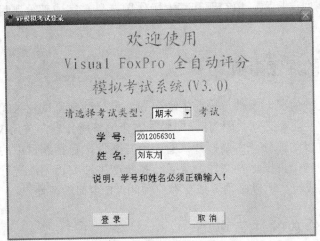

图 18.5　VF 模拟考试登录窗口

考虑到有些学校安排期中考试，所以在模拟系统中设置了"期中"和"期末"两种类型的考试，此处选择"期末"考试即可。

需要说明，登录模拟考试系统并不需要真实的学号和姓名，但最好养成按真实信息登录系统的习惯。

18.2.3　VF 无纸化考试模拟系统的答题窗口

正确登录后，系统即可显示模拟考试的答题窗口，如图 18.6 所示。

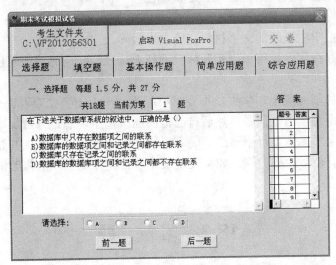

图 18.6　期末模拟考试试题的答题窗口

这个窗口与平时无纸化作业的解答窗口相同，解题方法也一致，这里不再赘述。

需要说明的是，模拟考试的重点是让学生熟悉登录、解答和交卷的全过程，所以只有一套模拟试题。

　　与期末考试相同，模拟考试时间为 110 分钟。由于课堂时间有限，建议学生不必将所有题目都做完，例如选择题、填空题和基本操作题，只需完成部分题目，重点练习综合题和交卷过程。

18.2.4　交卷的注意事项

　　提交试卷有两种情况，一种是提前主动交卷，另一种是考试到时间的被动交卷，无论是哪种交卷，在交卷前都必须关闭 VF，即必须停止解答操作题，关闭 VF 窗口。因为系统在回收试卷的同时自动评分，需要打开试卷的所有文件，包括题目中的数据库和表等。如果此时学生还在答题，占据这些文件，势必与系统产生冲突，无法进行评分，可能严重影响这个学生的考试成绩。所以必须养成交卷前关闭 VF 窗口的习惯。

18.2.5　查看分数的注意事项

　　为了使考试更加人性化和公开、公正及透明，期末考试系统和无纸化作业一样，也提供了查看考试评分成绩的功能。但是因为是考试，必须保持良好的考试环境。所以在查看成绩时，如果发现评分有疑问，绝对不能当场与教师理论，而应采取书面反映问题的方式。具体方法如下。

　　(1)　写清楚自己的班级、姓名和学号。

　　(2)　写清楚哪个题目发现了什么疑问，如果是选择题和填空题，要完整抄写题目，说明自己的解答和题目给出的标准解答。

　　(3)　如果是操作题，则要写清楚评分有何疑问。然后把 C 盘上的"考生文件夹"整体复制到局域网提供的共享文件夹"考生文件夹汇总"中。

　　(4)　将书面材料交给监考教师。

　　监考教师将把学生反映的文字材料交给主讲教师，主讲教师将认真复核评分资料，如果发现系统评分存在问题，将根据实际情况调整考试成绩。同时将问题反映给系统开发人员，进行改进。

　　有一点需要特别提醒个别学生，不要耍小聪明：千万不要在查看评分时(操作题)，发现自己做错了，系统指出了问题，然后自己把问题改正了，想把分数加上去。否则不仅在道理上是错误的，实际也是行不通的。因为系统详细记载了每个学生开始答题和交卷的时间，每个题目都有被修改的时间。如果发现某个题目是在交卷以后修改的，老师是不会承认修改过的成绩的。

18.3　习　　题

1. 思考题

　　(1)　通过连编，系统可以得到什么文件？

　　(2)　如果要发表应用系统，需要发布哪些文件？

　　(3)　对照国家等级考试大纲，有哪些知识点掌握了，还有哪些不足？

2. 选择题

(1) 系统连编时可以在"项目信息"中指定附加图标，图标文件的扩展名是(　　)。

A. .doc　　　　　　B. .ico　　　　　　C. .bmp　　　　　　D. .txt

(2) 如果一个文件在系统连编时被设置为"排除"，则对该文件的下述描述哪个是错误的？(　　)

A. 此文件不在连编后的文件中

B. 此文件不可被发布

C. 此文件可以被发布

D. 此文件可以被修改

附录 A Visual FoxPro 常用命令简介

A.1 环境设置命令

(1) DIR/DIRECTORY 命令

格式：DIR/DIRECTORY [ON<盘符>][[LIKE][<路径名>][<文件限制>]]][TO PRINTER [PROMPT]/TO FILE<文件名>]

功能：用于显示磁盘目录或文件夹中的信息。

(2) DISPLAY STATUS 命令

格式：DISPLAY STATUS [TO PRINTER[PROMPT]/TO FILE<文件名>][NOCONSOLE]

功能：用于分页显示 Visual FoxPro 环境的状态信息。

(3) LIST DLLS 命令

格式：LIST DLLS [TO PRINTER[PROMPT]/TO FILE<文件名>][NOCONSOLE]

功能：用于连续显示与 32 位 Windows.dll 函数有关的信息。

(4) LIST STATUS 命令

格式：LIST STATUS [TO PRINTER[PROMPT]/TO FILE<文件名>][NOCONSOLE]

功能：用于连续显示 Visual FoxPro 环境的状态信息。

(5) SET 命令

格式：SET

功能：用于打开查看窗口。在此窗口中可方便地打开数据库、表，建立表间的关系，设置多项 Visual FoxPro 选项参数。

(6) SET AUTOSAVE 命令

格式：SET AUTOSAVE ON/OFF

功能：用于指定退出 READ 命令或返回到命令窗口时，是否立即把数据缓冲区中的数据保存到磁盘上。默认状态为 OFF(延迟 5 分钟保存)。

(7) SET DELL 命令

格式：SET DELL ON/OFF

功能：用于打开或关闭计算机响铃声。默认设置为 ON(打开铃声)。

(8) SET CARRY 命令

格式 1：SET CARRY ON/OFF

格式 2：SET CARRY TO [字段名表[ADDITIVE]]

功能：用于指定当使用 INSERT、APPEND、BROWSE 命令创建新记录时，是否将当前记录数据复制到新记录中。

(9) SET CLOCK 命令

格式 1：SET CLOCK ON/OFF/STATUS

格式 2：SET CLOCK TO [<行号>, <列号>]

功能：用于设置是否显示系统时钟，并可指定系统时钟在 Visual FoxPro 主窗口中的位置。默认值为 OFF(不显示)。

(10) SET COLOR OF SCHEME 命令

格式：SET COLOR OF SCHEME <配色方案编号 1> TO [SCHEME<配色方案编号 2>/<颜色对数目>]

功能：用于指定配色方案中的颜色，或将一个配色方案中的颜色复制到另一个配色方案。

(11) SET COLOR SET 命令

格式：SET COLOR SET TO [<颜色集合名称>]

功能：装入预先定义好的颜色集合。

(12) SET CONFIRM 命令

格式：SET CONFIRM ON/OFF

功能：用于设置当插入点到达文本框中的最后一个字符时，是否退出文本框，默认值为 OFF(退出)。

(13) SET CONSOLE 命令

格式：SET CONSOLE ON/OFF

功能：用于设置是否将输出送到 Visual FoxPro 主窗口或活动的用户自定义窗口，默认值为 ON(要输出)。

(14) SET CURRENCY 命令

格式 1：SET CURRENCY TO <货币符号字符串>

格式 2：SET CURRENCY LEFT/RIGHT

功能：用于定义货币符号，指定其显示位置。货币符号的默认值为美元符号($)，显示位置的默认值为 LEFT(左边)。

(15) SET CURSOR 命令

格式：SET CURSOR ON/OFF

功能：用于指定在 Visual FoxPro 等待输入时是否显示插入点。默认值为 ON(显示)。

(16) SET DEBUG 命令

格式：SET DEBUG ON/OFF

功能：设置是否操作调试窗口和跟踪窗口。默认值为 ON(能)。

(17) SET DECIMALS 命令

格式：SET DECIMALS TO [<最少小数显示位数>]

功能：用于指定数值表达式的最少小数显示位数；默认值是 2 位小数。

(18) SET DEFAULT 命令

格式：SET DEFAULT TO [<路径名>]

功能：用于设置默认的驱动器和目录。

(19) SET DEVICE 命令

格式：SET DEVICE TO SCREEN/TO PRINTER[PRIMPT]/TO FILE <文件名>

功能：将输出结果定向到屏幕、打印机或文件中。

(20) SET DISPLAY 命令

格式：SET DISPLAY TO CGA/EGA25/EGA31/VGA25/VGA50

功能：用于设置支持多种显示模式的显示器的显示模式。

(21) SET ESCAPE 命令

格式：SET ESCAPE ON/OFF

功能：用于决定是否可通过按 Esc 键中断程序和命令的执行。默认值为 ON(中断)。

(22) SET EXACT 命令

格式：SET EXACT ON/OFF

功能：用于设置不同长字符串的比较规则。若为 OFF(默认值)，则必须是左端表达式与右端表达式结尾前的每个字符都相匹配，两个表达式才相等；若为 ON，则两个表达式必须是每个字符都相匹配才相等，比较时，忽略表达式结尾的空格，并且在较短的表达式右边添空格，使其与较长一个的长度相匹配。

(23) SET FULLPATH 命令

格式：SET FULLPATH ON/OFF

功能：用于指定 CDX()、DBF()、MDX()和 NDX()等函数所返回的文件名中是否包括路径。默认值为 ON(包括)。

(24) SET HELP 命令

格式1：SET HELP ON/OFF

格式2：SET HELP TO [<文件名>]

功能：激活或废止 Visual FoxPro 联机帮助或指定的帮助文件。也可以为一个自定义应用程序提供简洁的联机帮助文件。

(25) SET HELPFILTER 命令

格式：SET HELPFILTER [AUTOMATIC] TO [<逻辑表达式>]

功能：用于设置在帮助窗口中只显示<逻辑表达式>为"真"(.T.)的.DBF 样式帮助文件。

(26) SET HOURS 命令

格式：SET HOURS TO [12/24]

功能：将系统时间设为 12 小时制或 24 小时制。默认值为 12。

(27) SET KEYCOMP 命令

格式：SET KEYCOMP TO DOS/WINDOWS

功能：控制 Visual FoxPro 的击键定位。

(28) SET MACKEY 命令

格式：SET MACKEY TO [<键标记名>]

功能：用于更改显示"宏键定义"对话框的默认值组合键。

(29) SET MATGIN 命令

格式：SET MATGIN TO <数值表达式>

功能：以列为单位指定左页边距，对所有定向到打印机的输出结果都有效。但对于报表设计器创建的用 REPORT 命令运行的报表无效。

(30) SET MEMOWIDTH 命令

格式：SET MEMOWIDTH TO <宽度值>

功能：用于指定?、??、DISPLAY 或 LIST 等命令在 Visual FoxPro 主窗口或用户自定义窗口中输出备注字段或字符表达式时的输出宽度。

(31) SET MESSAGE 命令

格式 1：SET MESSAGE TO [<字符串表达式>]

格式 2：SET MESSAGE TO [<行号>] [LEFT/CENTER/RIGHT]

格式 3：SET MESSAGE WINDOW [<窗口名称>]

功能：定义在 Visual FoxPro 主窗口或图形状态栏中显示的信息，或者指定有关用户自定义菜单栏和菜单命令的信息位置。

(32) SET NEAR 命令

格式：SET NEAR ON/OFF

功能：FIND 或 SEEK 查找记录不成功时，确定记录指针的指向。若为 ON，记录指针指向与查找关键字值最相近的记录；若为 OFF(默认值)，记录指针指向表的尾部。

(33) SET NULL ON/OFF 命令

格式：SET NULL ON/OFF

功能：用于确定 ALTER TABLE、CREATE TABLE 和 INSERT 命令如何处理 NULL 值。默认值为 OFF(所有列都不允许 NULL 值)。

(34) SET NULL DISPLAY 命令

格式：SET NULL DISPLAY TO [<字符串>]

功能：指定 NULL 值显示时对应的字符串。默认值是，Visual FoxPro 使用.NULL.表示 NULL 值。

(35) SET ODOMETER 命令

格式：SET ODOMETER TO [<记录数>]

功能：以记录数为单位指定命令状态的报告间隔。

(36) SET OPTIMIZE 命令

格式：SET OPTIMIZE ON/OFF

功能：设置是否使用 Rushmore 优化技术。默认值为 ON(使用)。

(37) SET PALETTE 命令

格式：SET PALETTE ON/OFF

功能：用于指定是否使用默认的调色板。默认值为 ON(使用)。

(38) SET PATH 命令

格式：SET PATH TO [<路径>]

功能：用于指定查找文件的路径，用逗号或分号隔开不同的路径。

(39) SET PDSETUP 命令

格式：SET PDSETUP TO [[<打印驱动程序名>[参数列表 1]] WITH 参数列表 2]

功能：用于装入一个打印机驱动程序。

(40) SET POINT 命令

格式：SET POINT TO [<小数点字符>]

功能：当显示数值表达式或货币表达式时，确定所用小数点字符。

(41) SET PRINTER 命令

格式 1： SET PRINTER ON [PROMPT]/OFF

格式 2： SET PRINTER FONT <字体名>[, 字体大小][STYLE<字型>]

格式 3： SET PRINTER TO [<文件名>[ADDITIVE]/<端口名>]

格式 4： SET PRINTER TO [DEFAULT/NAME <Windows 打印机>]

格式 5： SET PRINTER TO [NAME\服务器名\打印机名]

功能：

格式 1： 打开或关闭向打印机的输出。

格式 2： 用于指定打印机输出的默认字体及默认字型。

格式 3： 用于指定定向输出到的文件或端口。

格式 4： 将打印机输出传送到默认的 Windows 打印机或指定的 Windows 打印机。

格式 5： 将脱机打印输出到网络打印机。仅用于 Windows NT。

(42) SET RESOURCE 命令

格式 1： SET RESOURCE ON/OFF

格式 2： SET RESOURCE TO [<文件名>]

功能：用于指定或更新一个资源文件。

(43) SET SAFETY 命令

格式： SET SAFETY ON/OFF

功能：指定更新已有文件之前是否显示警告信息。默认值为 ON(显示)。

(44) SET SECONDS 命令

格式： SET SECONDS ON/OFF

功能：当显示日期时间值，指定是否显示秒数。默认值为 ON(显示)。

(45) SET STATUS 命令

格式： SET STATUS ON/OFF

功能：显示或移去基于字符的状态栏。默认值为 OFF(移去)。

(46) SET STATUS BAR 命令

格式： SET STATUS BAR ON/OFF

功能：用于显示或移去图形状态栏。

(47) SET STRICTDATE 命令

格式： SET STRICTDATE TO [0/1/2]

功能：用于指定不明确的日期和日期时间常数是否产生错误。默认值为 0(关闭严格的日期格式检查)。

(48) SET TALK 命令

格式： SET TALK ON/OFF/WINDOWS [<窗口名>/NOWINDOW]

功能：用于指定是否在 Visual FoxPro 主窗口或用户自定义窗口中显示命令执行结果。默认值为 ON(显示)。

(49) SET TOPIC 命令

格式 1： SET TOPIC TO [<帮助主题名称>/<逻辑表达式>]

格式 2： SET TOPIC TO [<上下文 ID>]

功能：指定当激活 Visual FoxPro 帮助系统时，要打开的帮助主题。

(50) SET TOPIC ID 命令

格式：SET TOPIC ID TO <上下文 ID>

功能：根据主题的上下文 ID 指定激活 Visual FoxPro 帮助系统时要显示的帮助主题。

(51) SET VIEW 命令

格式：SET VIEW ON/OFF

功能：打开或关闭查看窗口，或从一个视图文件中恢复 Visual FoxPro 环境。默认值为 OFF(关闭)。

A.2　文件管理命令

(1)　CD/CHDIR 命令

格式：CD <目录> / CHDIR <目录>

功能：将 Visual FoxPro 的默认目录更改为指定目录。

(2)　COPY FILE 命令

格式：COPY FILE <文件名 1> TO <文件名 2>

功能：用于复制任何类型的文件。

(3)　DELETE FILE 命令

格式：DELETE FILE [<文件名>/?]

功能：用于从磁盘上删除文件。

(4)　DISPLAY FILES 命令

格式：DISPLAY FILES [ON <盘符>][LIKE <文件梗概>][TO PRINTER [PROMPT]/TO FILE <文件名>]

功能：用于显示关于文件的信息。

(5)　ERASE 命令

格式：ERASE [<文件名>/?]

功能：用于从磁盘上删除文件。

(6)　LIST FILES 命令

格式：LIST FILES [ON <盘符>][LIKE <文件梗概>][TO PRINTER [PROMPT]/TO FILE <文件名>]

功能：用于连续显示关于文件的信息。

(7)　MD/MKDIR 命令

格式：MD <目录名> / MKDIR<目录名>

功能：用于在磁盘上创建一个新目录或子目录。

(8)　MODIFY FILE 命令

格式：MODIFY FILE [<文件名>/?][NOEDIT]

功能：用于打开编辑窗口，从中可修改或创建文本文件。

(9)　RD / RMDIR 命令

格式：RD <目录名> / RMDIR <目录名>

功能：用于从磁盘上删除一个目录。

(10) RENAME 命令

格式：RENAME <文件名 1> TO <文件名 2>

功能：更改文件名。

(11) RUN/!命令

格式 1：RUN[/N] <MS-DOS 命令>/<程序名称>

格式 2：![/N] <MS-DOS 命令>/<程序名称>

功能：用于运行外部操作命令或程序。

(12) SET ALTERNATE 命令

格式 1：SET ALTERNATE ON/OFF

格式 2：SET ALTERNATE TO [<文件名> [ADDITIVE]]

功能：用于将显示内容或打印输出传到一个文本文件中。

(13) TYPE 命令

格式：TYPE <文件名 1> [AUTO][WRAP][TO PRINTER[PROMPT] / TO FILE <文件名 2>]

功能：显示文件的内容。

A.3　数据库操作命令

(1)　ADD TABLE 命令

格式：ADD TABLE [<表文件名>/?][NAME <表的长名>]

功能：在当前数据库中添加指定表。[NAME <表的长名>]选项用于指定表的长名。

(2)　APPEND 命令

格式：APPEND [BLANK][IN <工作区号>/<别名>][NOMENU]

功能：用于在表的末尾添加一个或多个新记录。

(3)　APPEND FROM 命令

格式：APPEND FROM <文件名> ? [FIELDS <字段名表>][FOR <条件表达式>][TYPE][DELIMITED[WITH <字符字段标识>/WITH BLANK/WITH TAB]/WITH CHARACTER <字段分隔符>]/DIF/FW2/MOD/PDOX/RPD/SDF/SYLK/WK1/WK3/WKS/WR1/WRK/CVS/XLS/X15[SHEET <工作表名>1][AS <代码页>]

功能：用于从一文件中读入记录，追加到当前表的尾部。

(4)　APPEND FROM ARRAY 命令

格式：APPEND FROM ARRAY <数组名> [FOR <条件表达式>][FIELDS <字段名表>/FIELDS LIKE <字段梗概>/FIELDS EXCEPT <字段梗概>]

功能：对应于数组中的每一行，追加一条记录到当前选定表中，并从相应的数组行中取出数据添加到记录中。

(5)　APPEND GENERAL 命令

格式：APPEND GENERAL <通用字段名> [FROM <文件名>][DATA <字符串>][LINK][CLASS <OLE 对象名>]

功能：用于从文件中导入 OLE 对象，并将其放入通用字段中。

(6)　APPEND MEMO 命令

格式：APPEND MEMO <备注字段名> FROM <文件名> [OVERWRITE][AS<代码页>]

功能：用于将文本文件的内容复制到备注字段中。

(7)　APPEND PROCEDURES 命令

格式：APPEND PROCEDURES FROM <文件名> [AS <代码页>][OVERWRITE]

功能：用于将文本文件中的内部存储过程追加到当前数据库中。

(8)　AVERAGE 命令

格式：AVERAGE [<表达式表>][范围][FOR <条件表达式 1>][WHILE <条件表达式 2>][TO <变量名>/TO ARRAY <数组名>][NOOPTIMIZE]

功能：用于计算数值表达式或字段的算术平均值。

(9)　BLANK 命令

格式：BLANK [FIELDS <字段名表> [范围][FOR <条件表达式 1>][WHILE <条件表达式 2>][NOOPTIMIZE]

功能：用于清除所有满足条件的记录中指定字段的值。如不带任何参数，则清除当前记录中所有字段的数据。

(10) BROWSE 命令

格式：BROWSE [FIELDS <字段名表>][FOR <条件表达式>][FREEZE <字段名>][LOCK <数字表达式>][NOAPPEND][NODELETE][NOEDIT/NOMODIFY][TITLE <字符表达式>] [VALID[:F] <逻辑表达式 1> [ERROR <字符表达式>]][WHILE <逻辑表达式 2>]

功能：用于打开浏览窗口。

(11) CALCULATE 命令

格式：CALCULATE <计算表达式> [范围][FOR <条件表达式 1>][WHILE <条件表达式 2>][TO <变量名>/TO ARRAY <数组名>][NOOPTIMIZE]

功能：用于对表中的字段或包含字段的表达式进行各种统计操作。

(12) CLOSE 命令

格式：CLOSE [ALL/ALTERNATE/DATABASE[ALL]/DEBUGER/FORMAT/INDEXES/PROCEDURE/TABLES/[ALL]]

功能：用于关闭各种类型的文件。

(13) CLOSE MEMO 命令

格式：CLOSE MEMO <备注字段名表>/ALL

功能：用于关闭备注编辑窗口，并保存对备注字段的任何修改。

(14) COMPILE DATABASE 命令

格式：COMPILE DATABASE <数据库名>

功能：编译指定数据库中的内部存储过程。

(15) CONTINUE 命令

格式：CONTINUE

功能：用于继续执行先前的 LOCATE 命令。

(16) COPY MEMO 命令

格式：COPY MEMO <备注字段名> TO <文件名> [ADDITIVE][AS <代码页>]

功能：用于将当前记录中指定备注字段的内容复制到文本文件。

(17) COPY PROCEDURES 命令

格式：COPY PROCEDURES TO <文件名> [ADDITIVE][AS <代码页>]

功能：用于将当前数据库中的内部存储过程复制到文本文件。

(18) COPY STRUCTURE 命令

格式：COPY STRUCTURE TO <目的表文件名 1> [FIELDS <字段名表>][[WITH] CDX/
[WITH] PRODUCTION][DATABASE <数据库名>][NAME <目的表文件名 2>]

功能：用当前选择的表结构创建一个新的自由表或数据库表。

(19) COPY STRUCTURE EXTENDED 命令

格式：COPY STRUCTURE EXTENDED <目的表文件名> [FIELDS <字段名表>]

功能：用于创建一个新表，其中的字段包含当前选定表的结构信息。新表的结构在格式上固定。

(20) COPY TO 命令

格式：COPY TO <目的表文件名> [FIELDS <字段名表>][<范围>][FOR <条件 1>]
[WHILE <条件 2>][[WITH]CDX]/[[WITH]PRODUCTION][NOOPTIMIZE]

功能：用于从当前表文件中提取符合条件的记录的部分字段来创建一个新表文件。

(21) COPY TO ARRAY 命令

格式：COPY TO ARRAY <数组名> [FIELDS <字段名表>/FIELDS LIKE <字段梗概>
/FIELDS EXCEPT <字段梗概>][<范围>][FOR <条件 1>][WHILE <条件 2>][NOOPTIMIZE]

功能：用于从当前表中提取部分记录的部分字段内容来复制到指定数组中。

(22) COUNT 命令

格式：COUNT [<范围>][FOR<条件 1>][WHILE<条件 2>][TO<变量名>][NOOPTIMIZE]

功能：用于统计表中记录数目。

(23) CREATE 命令

格式：CREATE[<表文件名>/?]

功能：用于创建一个新表，并打开表设计器。

(24) CREATE CONNECTION 命令

格式：CREATE CONNECTION [<连接名称>/?][DATASOURCE<ODBC 数据源名>
[USERID <用户 ID>][PASSWORD <密码>]/CONNSTRING <连接字符串>]

功能：用于创建一个命名链接，并把它存储到当前数据库中。

(25) CREATE DATABASE 命令

格式：CREATE DATABASE [<数据库名>/?]

功能：用于创建一个数据库，并打开它。

(26) CREATE FROM 命令

格式：CREATE [<新建表文件名> [DATABASE <数据库名>[NAME <长表名>]]]
FROM [<表文件名>]

功能：根据 COPY STRUCTURE EXTENDED 命令创建的表文件来创建一个新表。

(27) CREATE LABEL 命令

格式：CREATE LABEL [<标签文件名>/?][NOWAIT][SAVE][WINDOW <窗口名 1>]

[IN [WINDOW] <窗口名 2>/IN SCREEN]

功能：用于打开标签设计器，以创建标签。

(28) CREATE TRIGGER 命令

格式：CREATE TRIGGER ON <表文件名> FOR DELETE/INSERT/UPDATE AS <逻辑表达式>

功能：用于为指定表创建触发器。

(29) CREATE VIEW 命令

格式：CREATE VIEW <视图文件名>

功能：用于打开视图设计器以创建视图。

(30) DELETE 命令

格式：DELETE [<范围>][FOR <条件 1>][WHILE <条件 2>][IN <工作区号>/<别名>] [NOOPTIMIZE]

功能：用于给指定记录做删除标记。

(31) DELETE CONNECTION 命令

格式：DELETE CONNECTION <连接名>

功能：用于从当前数据库中删除一个命名连接。

(32) DELETE DATABASE 命令

格式：DELETE DATABASE <数据库名> /?[DELETE TABLES]

功能：用于从磁盘上删除数据库。

(33) DELETE TRIGGER 命令

格式：DELETE TRIGGER ON <表文件名> FOR DELETE /INSERT/UPDATE

功能：用于从当前数据库的指定表中删除触发器。

(34) DELETE VIEW 命令

格式：DELETE VIEW <视图文件名>

功能：用于从当前数据库中删除一个指定视图。

(35) DISPLAY 命令

格式：DISPLAY [OFF][FIELDS] <字段名表>][<范围>][FOR <条件 1>][WHILE <条件 2>] [TO PRINTER[PROMPT]/TO FILE <文件名>][NOCONSOLE][NOOPTIMIZE]

功能：用于显示当前表中的记录内容。

(36) DISPLAY / LIST CONNECTIONS 命令

格式：DISPLAY / LIST CONNECTIONS[TO PRINTER[PROMPT]/ TO FILE <文件名>] [NOCONSOLE]

功能：用于分页或连续显示当前数据库中与命令连接有关的信息。

(37) DISPLAY / LIST DATABASE 命令

格式：DISPLAY / LIST DATABASE [TO PRINTER [PROMPT]/ TO FILE <文件名>] [NOCONSOLE]

功能：用于分页或连续显示有关当前数据库信息。

(38) DISPLAY / LIST PROCEDURES 命令

格式：DISPLAY / LIST PROCEDURES [TO PRINTER [PROMPT] / TO FILE <文件名>]

[NOCONSOLE]

功能：用于分页或连续显示当前数据库中内部存储过程的名称。

(39) DISPLAY STRUCTURE 命令

格式：DISPLAY STRUCTURE [IN <工作区号>/<别名>][TO PRINTER[PROMPT]/TO FILE <文件名>][NOCONSOLE]

功能：用于显示一个表文件的结构信息。

(40) DISPLAY / LIST TABLES 命令

格式：DISPLAY / LIST TABLES [TO PRINTER [PROMPT]/TO FILE <文件名>] [NOCONSOLE]

功能：用于显示当前数据库中所有的表和表的信息。

(41) DISPLAY / LIST VIEWS 命令

格式：DISPLAY / LIST VIEWS [TO PRINTER [PROMPT]/TO FILE <文件名>] [NOCONSOLE]

功能：用于显示当前数据库中有关 SQL 视图的信息。

(42) DROP VIEW 命令

格式：DROP VIEW <视图文件名>

功能：用于从当前数据库中删除指定的 SQL 视图。

(43) EDIT 命令

格式：EDIT [[RECORD], <数值表达式>][<范围>][FILEDS <字段名表>][FOR <条件 1>] [WHILIE <条件 2>][FILEDS <字段名>][NOAPEEND]NODELETE][NOEDIT/NOMODIFY] [TITLE <字段表达式>][VALID[:F] <条件表达式>][ERROR <出错信息>][WHEN 条件表达式>]

功能：用于显示要编辑的字段。

(44) EXPORT 命令

格式：EXPORT TO <文件名> [TYPE] DIF/MOD/SYLK/WK1/WKS/WR1/WRK/XLS /X15/X18[FILEDS <字段名表>][<范围>][FOR <条件 1>][WHILE <条件 2>] [NOOPTIMIZE] [AS <代码页>]

功能：把 Visual FoxPro 表中的数据复制到其他格式的文件中。

(45) FLUSH 命令

格式：FLUSH

功能：用于将对表和索引所做的修改存入磁盘。

(46) GATHER 命令

格式：GATHER FROM <数组名>/MEMVAR/NAME <对象名>[FILEDS <字段名表>/FILEDS LIKE <字段梗概? /FLEIDS EXCEPT <字段梗概>][MEMO]

功能：用于将当前选定表中当前记录的数据替换为某个数组、内存变量组或对象中的数据。

(47) GO/GOTO 命令

格式：GO [TO][RECORD] <数值表达式>/TOP/BOTTOM[IN <工作区号>/IN <工作区别名>]

功能：用于将记录指针移到指定位置。

(48) IMPORT 命令

格式：IMPORT FORM <文件名>[DATABASE <库文件名>[NAME <长表名>]][TYPE]
FW2/MOD/PDOX/RPD/WK1/WK3/WKS/WR1/WRK/XLS/X15[SHEET <工作表名>]X18 [SHEET
<工作表名>][AS <代码页>]

功能：用于从外部文件导入数据，创建一个 Visual FoxPro 新表。

(49) LIST 命令

格式：LIST [OFF][<范围>][<FILEDS>] <字段名表>[FOR <条件 1>][WHILE <条件
2>][TO PRINTER/TO FILE <文件名>][NOCOCSOLE]

功能：用于连续显示表的信息。

(50) LOCATE 命令

格式：LOCATE [<范围>][FOR <条件 1>][WHILE <条件 2>][NOOPTIMIZE]

功能：用于在规定范围内，按顺序搜索表，找到满足条件的第一个记录。

(51) MODIFY CONNECTION 命令

格式：MODIFY CONNECTION[<命令连接名>]

功能：用于显示连接设计器，使用户能够交互地修改当前数据库中已有的命令连接。

(52) MODIFY DATABASE 命令

格式：MODIFY DATABASE[<库文件名>/?][NOWAIT][NOEDIT]

功能：用于打开数据库设计器，使用户能够交互地修改当前数据库。

(53) MODRFY GENERAL 命令

格式：MODIFY GENERAL <通用字段名表>[NOMODIFY][NOWAIT][[WINDOW <窗
口名 1>][WINDOW <窗口名 2> /IN SCREEN]]

功能：用于在编辑窗口中打开当前记录中的通用字段。

(54) MODIFY MEMO 命令

格式：MODIFY MEMO <备注字段名表>[NOEDIT][NOMENU][NOWAIT][RANGE
<起始字段>, <终止字段>][WINDOW <窗口名 1>][IN [WINDOW <窗口名 2>/IN SCREEN]
[SAME][SAVE]

功能：用于打开当前记录中备注字段的编辑窗口。

(55) MODIFY PROCEDURE 命令

格式：MODIFY PROCEDURE

功能：用于打开 Visual FoxPro 代码编辑器，可以在其中为当前数据库创建新建的存储
过程，或修改已有的内部存储过程。

(56) MODIFY STRUCTURE 命令

格式：MODIFY STRUCTURE

功能：用于打开表设计器，修改当前打开表的结构。

(57) MODIFY VIEW 命令

格式：MODIFY VIEW <视图名称> [REMOTE]

功能：用于打开视图设计器，对指定的 SQL 视图进行修改。

(58) OPEN DATABASE 命令

格式：OPEN DATABASE[<库文件名>/?][EXCLUSIVE/SHARED][NOUPDATE]

[VALIDATE]

　　功能：用于打开一个数据库。

　　(59) PACK 命令

　　格式：PACK [MEMO][DBF]

　　功能：用于从当前表中永久地删除标有删除标记的记录。

　　(60) PACK DATABASE 命令

　　格式：PACK DATABASE

　　功能：用于从当前数据库中删除标有删除标记的记录。

　　(61) QUIT 命令

　　格式：QUIT

　　功能：用于结束当前 Visual FoxPro 工作期，并将控制权返回给操作系统。

　　(62) RECALL 命令

　　格式：RECALL [<范围>][FOR <条件 1>][WHILE <条件 2 >][NOOPTIMIZE]

　　功能：用于恢复当前表中带有删除标记的记录，即为这些记录去掉删除标记。

　　(63) REMOVE TABLE 命令

　　格式：REMOVE TABLE <表文件名>/?[DELETE]

　　功能：用于从当前数据库中移去一个表。若带[DELETE]，则将其从磁盘上删除。

　　(64) RENAME CONNECTION 命令

　　格式：RENAME CONNECTION <原连接名称> TO <新连接名称>

　　功能：用于重命名当前数据库中的一个命名连接。

　　(65) RENAME TABLE 命令

　　格式：RENAME TABLE <原文件名> TO <新文件名>

　　功能：用于重命名当前数据库中的表。

　　(66) RENAME VIEW 命令

　　格式：RENAME VIEW <原视图名> TO <新视图名>

　　功能：用于重命名当前数据库中的一个 SQL 视图。

　　(67) REPLACE 命令

　　格式：REPLACE <字段名 1> WITH <表达式 1> [ADDITIVE][, <字段名 2 > WITH <表达式 2> [ADDITIVE]]...[<范围> [FOR <条件 1>][WHILE <条件 2>][IN <工作区号>/<工作区别名>] [NOOPTIMIZE]

　　功能：用给定表达式的值更新表中指定字段的内容。

　　(68) REPLACE FROM ARRAY 命令

　　格式：REPLACE FROM ARRAY <数组名> [FIELDS <字段名表>][FOR <条件 1>][WHILE <条件 2>][NOOPTIMIZE]

　　功能：使用数组中的值更新字段内容。

　　(69) SCATTER 命令

　　格式：SCATTER [FIELDS <字段名表>/FIELDS LIKE <字段梗概>/FIELDS EXCEPT <字段梗概>][MEMO] TO <数组名>/NAME <数组名>BLANK/MEMVAR/MEMVAR BLANK/NAME <对象名> [BLANK]

功能：用于从当前记录中，把数据复制到一组内存变量或数组中。

(70) SEEK 命令

格式：SEEK <索引关键字表达式> [ORDER <索引标识编号>/<索引文件名>/[TAG] <索引标识名>[OF <索引文件名>][ASCENDING]/DESCENDING]][IN <工作区号>/<工作区别名>]

功能：SEEK 在表中搜索首次出现的一个记录，这个记录的索引关键字必须与指定的表达式相匹配。

(71) SELECT 命令

格式：SELECT <工作区号>/<工作区别号>

功能：用于选定当前工作区。

(72) SET DATABASE 命令

格式：SET DATABASE TO [<数据库名>]

功能：用于选择当前的数据。

(73) SET DATASESSION 命令

格式：SET DATAESSION TO [<数据工作区编号>]

功能：用于激活指定的表单数据工作期。

(74) SET DELETAE 命令

格式：SET DELETED ON/OFF

功能：指出 Visual FoxPro 是否处理标有删除标志的记录，以及其他命令是否可以操作它们。默认值为 OFF(要处理)。

(75) SET EXCLUSIVE 命令

格式：SET EXCLUSIVE ON/OFF

功能：用于指出 Visual FoxPro 在网络上是以独占方式还是以共享方式打开表文件。

(76) SET FILEDS 命令

格式 1：SET FILEDS ON/OFF/LOCAL/GLOBAL

格式 2：SET FILEDS TO[<字段名清单>/ALL[LIKE <字段梗概>]]

功能：用于指定能访问表中的哪些字段。

(77) SET FILTER 命令

格式：SET FILTER TO [<条件表达式>]

功能：用于指定访问当前表中记录时必须满足的条件。

(78) SET RELATION 命令

格式：SET RELATION TO [<表达式 1> INTO <工作区号 1>/<别名 1>[, <表达式 2> INTO <工作区号 2>/<别名 2> …][IN <工作区号>/<别名>][ADDITIVE]

功能：用于在两个打开的表之间建立关系。

(79) SET RELATION OFF 命令

格式：SET RELATION OFF INTO <工作区号>/<别名>

功能：用于解除当前工作区与指定工作之间已建立的关系。

(80) SET SKIP 命令

格式：SET SKIP TO [<别名 1>[, <别名 2> …]]

功能：用于创建表与表之间的一对多关系。

(81) SKIP 命令

格式：SKIP [<数值表达式>][IN <工作区号>/<别名>]

功能：用于使记录指针从当前位置沿着指定顺序做相对移动。

(82) SUM 命令

格式：SUM [<表达式表>][<范围>][FOR <条件 1>][WHILE <条件 2>][TO <内存变量名表>/TO ARRAY <数组名>][NOOPTIMIZE]

功能：用于对当前选定表的指定数值字段或全部数值字段进行求和。

(83) TOTAL 命令

格式：TOTAL ON <关键字段> TO <目的表文件名> [FIELDS <字段名表>][<范围>][FOR <条件 1>][WHILE <条件 2>][NOOPTIMIZE]

功能：用于计算当前选定表中数值字段的总和。

(84) UPDATE 命令

格式：UPDATE ON <关键字段> FROM <工作区号>/<别名> REPLACE <字段名 1> WITH <表达式 1>[, <字段名 2> WITH <表达式 2> ...][RANDOM]

功能：用其他表的数据更新当前选定工作区中打开的表的数据。

(85) USE 命令

格式：USE[[<数据库名>!]<表文件名>/<视图名>/?][IN<工作区号>/<别名>][ONLINE][ADMIN][AGAIN][NOREQUERY[<数据工作期号>]][NODATA][INDEX <索引列表>/?[ORDER [<索引编号>/<索引文件名>/[TAG] <索引标识名>[OF <复合索引文件名>][ASCENDING/DESCENDING]]]][ALLIAS [<别名>][EXCLUSIVE] [SHARED][NOUPDATE]

功能：用于打开一个表及其相关的索引文件，或打开一个 SQL 视图。

A.4　索引排序命令

(1)　COPY INDEXES 命令

格式：COPY INDEXES <索引文件列表>/ALL[TO <非结构复合索引文件名>]

功能：从单项索引.IDX 文件创建复合索引标识。

(2)　COPY TAG 命令

格式：COPY TAG <标识名> [OF <复合索引文件名>] TO <.IDX 索引文件名>

功能：根据复合索引文件的标识创建单项索引.IDX 文件。

(3)　DELETE TAG 命令

格式 1：DELETE TAG <标识名 1>[OF <复合索引文件名 1>][, <标识名 2>[OF <复合索引文件名 2>]] ...

格式 2：DELETE TAG ALL [OF <复合索引文件名 1>]

功能：从复合索引文件(.CDX)中删除索引标识。

(4)　INDEX 命令

格式：INDEX ON <索引表达式> TO <.IDX 索引文件名>/TAG <标识名> [COMPACT][ASCENDING/DESCENDING][UNIQUE/CANDIDATE][ADDITIVE]

功能：用于创建一个索引文件或索引标识。

(5) REINDEX 命令

格式：REIDEX [COMPACT]

功能：用于重建打开的索引文件。

(6) SET INDEX 命令

格式：SET INDEX TO [<索引文件列表>/?][ORDER <索引编号>/<.IDX 索引文件名>/[TAG] <标识名> [OF <.CDX 复合索引文件名>][ASCEDING/DESCENDING][ADDITIVE]

功能：用于打开一个或多个索引文件，供当前表使用。

(7) SET ORDER 命令

格式：SET ORDER TO [<索引编号>/<.IDX 索引文件名>/[TAG] <标识名>[OF <.CDX 复合索引文件名>][IN <工作区号>/<别名>][ASCENDING/DESCENDING][ASCENDING/DESCENDING]

功能：用于指定表的主控索引或标识。

(8) SET KEY 命令

格式：SET KEY TO [<表达式 1>/RANG <表达式 2>[, <表达式 3>]][IN <工作区号>/<别名>]

功能：根据索引关键字，指定访问记录的范围。

(9) SET UNIQUE 命令

格式：SET UNIQUE ON/OFF

功能：用于指定具有重复索引关键字的记录是否保留在索引文件中。默认值为 OFF (保留)。

(10) SORE 命令

格式：SORE TO <新文件名> ON <字段名 1>[/A][/C][/D][, <字段名 2>[/A][/C][/D] ...][<范围>][FOR <条件 1>][WHILE <条件 2>][FIELDS <字段名表>/FIELDS LIKE <字段梗概>.FILEDS EXCEPT <字段梗概>][ASCENDING/DESCENDING] [NOOPTIMEZE]

功能：用于对当前表的选定内容进行排序，并将排序后的记录输出到指定新表中。

A.5   数据输入输出命令

(1) \ / \ \ 命令

格式：\ / \\ <文本行>

功能：输出文本行。使用 "\ \"，文本行输出前不换行。

(2) ? /?? 命令

格式：? /?? <表达式>[AT <数值表达式>]

功能：输出<表达式>的值。使用??输出前不换行。

(3) ??? 命令

格式：??? <字符串表达式>

功能：将<字符串表达式>的值直接输出到打印机。

(4) @ ... CLASS 命令

格式：@<行号>, <列号 1> CLASS <类名> NAME <对象名>

功能：用于创建可用 READ 激活的控件或对象。

(5) @ … CLEAR 命令

格式：@<行号 1>, <列号 1> [CLEAR/CLEAR TO <行号 2>, <列号 2>]

功能：用于清除 Visual FoxPro 主窗口或用户自定义窗口的指定区域。

(6) @ … FILE 命令

格式：@<行号 1>, <列号 1> FILL TO <行号 2>, <列号 2> [COLOR SCHEME <颜色编号>/COLOR <色彩对表>]

功能：更改窗口中指定区域的颜色。

(7) @ … SCROLL 命令

格式：@ <行号 1>, <列号 1> TO <行号 2>, <列号 2> SCROLL [UP/DOWN/LEFT/RIGHT][BY <数值表达式>]

功能：用于将 Visual FoxPro 主窗口指定或用户自定义窗口的某个区域向上、下、左、右滚动。

(8) CLEAR 命令

格式：CLEAR [ALL/CLASS <类名>/CLASSLIB <类库名>/DEBUG/DLLS/EVENTS/FIELDS/GETS/MACROS/MEMORY/MENUS/POPUPS/PROGRAM./PROMPT/READ[ALL]/RESOUCES[<文件名>]/TYPEHEAD/WINDOWS]

功能：用于从内存中清除指定项。

(9) CREATE FORM 命令

格式：CREATE FORM [<表单名>/?][AS <类库名>/?][NOWAIT][SAVE][DEFAULT][WINDOW <窗口 1>][IN [WINDOW] <窗口 2>/IN SCREEN]

功能：用于打开表单设计器。

(10) DO FORM 命令

格式：DO FORM <表单名>/?[NAME <变量名>[LINKED]][WITH <参数表>][TO <变量名>][NOREAD]

功能：用于运行表单或表单集。

(11) MODIFY FORM 命令

格式：MODIFY FORM [<表单名>/?][NOENVIROMENT][NOWAIT][SAVE]

功能：用于打开表单设计器来修改表单。

(12) SET TEXTMERGE 命令

格式：SET TEXTMERGE [ON/OFF][TO <文件名>][ADDITIVE][WINDOW <窗口名>][SHOW/NOSHOW]

功能：指定是否对文本合并，并对分隔符括起的字段或表达式进行计算，是否允许指定文本合并输出。

(13) TEXT … ENDTEXT 命令

格式：TEXT <文本行>/<表达式> ENDTEXT

功能：输出文本行、表达式和函数的结果及内存变量的内容。

(14) WAIT 命令

格式：WAIT ["提示信息"][TO <内存变量名>][WINDOW [NO WAIT]][CLEAR][TIMEOUT <数值表达式>]

功能：显示"提示信息"并暂停 Visual FoxPro 的执行，按某个键或单击鼠标后继续执行。

A.6　菜单命令

(1) ACTIVATE MENU 命令

格式：ACTIVATE MENU <菜单栏名称>[NOWAIT][PAD <菜单标题>]

功能：用于显示并激活一个菜单栏。

(2) ACTIVATE POPUP 命令

格式：ACTIVATE POPUP <菜单项名>[AT <行号>, <列号>][BAR <子菜单项名>][NOWAIT][REST]

功能：用于显示并激活一个子菜单。

(3) CREATE MENU 命令

格式：CREATE MENU [<菜单文件名>/?][NOWAIT][SAVE][WINDOW <窗口名 1>][IN [WINDOW] <窗口名 2>/IN SCREEN]

功能：用于打开菜单设计器及设计菜单。

(4) DEFINE MENU 命令

格式：DEFINE MENU <菜单栏名>[BAR [ATLINE <行号>]][IN [WINDOW] <窗口名>/IN SCREEN][FONT <字体名称>[, <字体大小>]][STYLE <字型>][KEY <热键>][MARK <标记字符>][MESSAGE <字符串表达式>][NOMARGIN][COLOR SCHEME <颜色编号>/COLOR <颜色对表>]

功能：用于创建菜单栏。

(5) DEFINE PAD 命令

格式：DEFINE PAD <菜单项名称 1> OF <菜单栏名称> PROMPT <菜单标题 1>[AT <行号, 列号>][BEFORE <菜单标题 2>/AFTER <菜单标题 3>][KEY <快捷键>[, <快捷键文本>]][COLOR SCHEME <颜色编号>/COLOR <颜色对表>]

功能：用于在用户自定义菜单栏或 Visual FoxPro 系统菜单栏上创建一个菜单项。

(6) DEFINE POPUP 命令

格式：DEFINE POPUP <子菜单名称>[FROM <行号 1, 列号 1>][TO <行号 2, 列号 2>] IN [WINDOW] <放置菜单的用户自定义窗口名称>/IN[SCREEN][COLOR SCHEME <颜色编号>/COLOR <颜色对表>]

功能：用于为每个菜单项创建子菜单。

(7) DEACTIVATE MENU 命令

格式：DEACTIVATE MENU <菜单栏名 1>[, <菜单栏名 2>...]/ALL

功能：用于使一用户自定义菜单栏失效，并将它从屏幕上移开，但并不从内存中删除菜单栏的定义。

(8) DEACTIVATE POPUP 命令

格式：DEACTIVATE POPUP <子菜单名称 1>[, <子菜单名称 2>...]/ALL

功能：用于使 DEFINE POPUP 创建的子菜单失效。

(9) DEFINE BAR 命令

格式：DEFINE BAR <菜单项编号> OF <子菜单名称> PROMPT <菜单项文本标题> [KEY <快捷键>][, <快捷键文本>][COLOR SCHEME <颜色编号>/COLOR <颜色对表>]

功能：用于在 DEFINE POPUP 创建的子菜单中创建一个子菜单项。

(10) HIDE MENU 命令

格式：HIDE MENU <菜单栏名表>/ALL[SAVE]

功能：用于隐藏活动的用户自定义菜单栏。

(11) HIDE POPUP 命令

格式：HIDE POPUP <子菜单名表>/ALL[SAVE]

功能：用于隐藏由 DEFINE POPUP 创建的一个或多个活动子菜单。

(12) MODIFY MENU 命令

格式：MODIFY MENU [<菜单文件名为>/?][WINDOW <窗口名 1>][IN [WINDOW] <窗口名 2>/IN SCREEN]][NOWAIT][SAVE]

功能：用于打开菜单设计器，可在其中修改或创建菜单系统。

(13) MOVE POPUP 命令

格式：MOVE POPUP <子菜单名单> TO <行号 1, 列号 1>/BY <行号 2, 列号 2>

功能：用于把用 DEFINE POPUP 命令创建的子菜单移动到新位置。

(14) ON BAR 命令

格式：ON BAR <菜单项编号> OF <子菜单名 1> [ACTIVATE POPUP <子菜单名 2>/ ACTIVATE MENU <菜单栏名称>]

功能：用于从菜单中选择特定菜单项时激活子菜单或菜单栏。

(15) ON PAD 命令

格式：ON PAD <菜单标题> OF <菜单栏名 1>[ACTIVATE POPUP <子菜单名>/ ACTIVATE MENU <菜单栏名 2>]

功能：当从菜单栏中选择特定的菜单标题时激活指定子菜单或菜单栏。

(16) ON SELECTION BAR 命令

格式：ON SELECTION BAR <菜单栏编号> OF <菜单名称> [<命令行>]

功能：用于指定当选择特定菜单栏时应执行的命令。

(17) ON SELECTION MENU 命令

格式：ON SELECTION MENU <菜单栏名称>/ALL[<命令行>]

功能：用于在菜单栏上选择任何菜单项时，指定要执行的命令。

(18) ON SELECTION PAD 命令

格式：ON SELECTION PAD <菜单标题> OF <菜单栏名>[<命令行>]

功能：用于在菜单栏上选择特定菜单标题时，指定要执行的命令。

(19) ON SELECTION POPUP 命令

格式：ON SELECTION POPUP <子菜单名>/ALL[<命令行>]

功能：用于从指定子菜单或所有子菜单上选择任一菜单项时，所要执行的命令。

(20) POP MENU 命令

格式：POP MENU <菜单栏名> [TO MASTER]

功能：恢复用 PUSH MENU 压进堆栈的菜单栏定义。

(21) POP POPUP 命令

格式：POP POPUP <子菜单名>

功能：恢复用 PUSH POPUP 命令压进堆栈的子菜单定义。

(22) PUSH MENU 命令

格式：PUSH MENU <菜单栏名>

功能：将一个菜单栏定义压进内存中的菜单栏定义堆栈。

(23) PUSH POPUP 命令

格式：PUSH POPUP <子菜单名>

功能：将一个子菜单定义压进内存中的菜单定义堆栈。

(24) RELEASE BAR 命令

格式：RELEASE BAR <菜单项编号> OF <子菜单名>/ALL OF <子菜单名>

功能：用于从内存中删除子菜单上的指定菜单项或所有菜单项。

(25) RELEASE MENU 命令

格式：RELEASE MENU [<菜单栏名表> [EXTENDED]]

功能：用于从内存中删除用户自定义菜单栏。

(26) RELEASE PAD 命令

格式：RELEASE PAD <菜单标题> OF <菜单栏名>/ALL OF <菜单栏名>

功能：用于从内存中删除指定的或所有的菜单标题。

(27) RELEASE POPUPS 命令

格式：RELEASE POPUPS[<子菜单名表> [EXTENDED]]

功能：用于从内存中释放指定或所有的子菜单。

(28) SET SKIP OF 命令

格式 1：SET SKIP OF MENU <菜单栏名><逻辑表达式>

格式 2：SET SKIP OF PAD <菜单标题> OF <菜单栏名><逻辑表达式>

格式 3：SET SKIP OF POPUP <子菜单名><逻辑表达式>

格式 4：SET SKIP OF BAR <菜单项编号>/<系统菜单项名> OF <子菜单名><逻辑表达式>

功能：用于启用或废止用户自定义菜单或 Visual FoxPro 系统菜单的子菜单、菜单栏、菜单标题或子菜单项。

(29) SET SYSMENU 命令

格式：SET SYSMENU ON/OFF/AUTOMATIC/TO[<菜单表>]/TO[<菜单标题表>]/TO[DEFAULT]/SAVE/NOSAVE

功能：用于启用或废止 Visual FoxPro 系统菜单栏，并对其重新配置。

(30) SHOW MENU 命令

格式：SHOW MENU <菜单栏表>/ALL [PAD <菜单标题>][SAVE]

功能：用于显示一个或多个用户自定义菜单栏，但不激活它们。

(31) SHOW POPUP 命令

格式：SHOW POPUP <子菜单列表>/ALL [SAVE]

功能：用于显示一个或多个用 DEFINE POPUP 定义的子菜单，但不激活它们。

(32) SIZE POPUP 命令

格式：SIZE POPUP <子菜单名> TO <行号 1, 列号 1> BY <行号 2, 列号 2>

功能：用于更改用 DEFINE POPUP 命令创建的子菜单大小。

A.7 打 印 命 令

(1) CREATE REPORT 命令

格式：CREATE REPORT [<菜单文件名>/?][NOWAIT][SAVE][[WINDOW <窗口名 1>][IN [WINDOW] <窗口名 2>/IN SCREEN]]

功能：用于打开报表设计器创建报表。

(2) CREATE REPORT 命令

格式：CREATE REPORT <文件名 1> /?FROM <文件名 2>[FORM/COLUMN][FIELDS <字段名表>][ALIAS][NOOVERWRITE][WIDTH <列数>]

功能：用于以编程方式创建报表。

(3) EJECT 命令

格式：EJECT

功能：用于向打印机发送换页符。

(4) EJECT PAGE 命令

格式：EJECT PAGE

功能：用于向打印机发出有条件走纸的指令。

(5) LABEL 命令

格式：LABEL [FORM <标签文件名>/FORM?][ENVIRONMENT][<范围>][FOR <条件 1>][WHILE <条件 2>][NOCONSOLE][NOOPTIMIZE][PDSETUP][PREVIEW[NOWAIT][NAME <对象名>][TO PRINTER[PROMPT]/TO FILE <文件名>]

功能：用于打印指定的标签文件。

(6) MODIFY LABEL 命令

格式：MODIFY LABEL[<标签文件名>/?][WINDOW <窗口名 1>][IN [WINDOW] <窗口名 2>/IN SCREEN][NOWAIT][NOENVIROMENT][SAVE]

功能：用于打开标签设计器，并修改标签。

(7) MODIFY REPORT 命令

格式：MODIFY REPORT[<报表文件名>/?][[WINDOW <窗口名 1>] <窗口名 2>/IN SCREEN][NOWAIT][NOENVIROMENT][SAVE]

功能：用于打开报表设计器，并修改报表。

(8) ON PAGE 命令

格式：ON PAGE [AT LINE <行数>[<命令行>]]

功能：当报表打印输出到达指定行或发出 EJECT PAGE 命令时，将执行该命令。

(9)　PRINT JOB ... ENDPRINT JOB 命令

格式：PRINT JOB

　　　<命令行>

　　　ENDPRINT JOB

功能：用于初始化打印机以及设置一些影响打印输出的系统内存变量。

(10) REPORT 命令

格式：REPORT FORM <报表文件名>/?[<范围>][FOR <条件 1>][WHILE <条件 2>][HEADING <字符串表达式>][NOCONSOLE][PALIN][PREVIEW[IN WINDOW <表单名>/IN SCREEN]][TO PRINTER[PROMPT]/TO FILE <文件名>][SUMMARY]

功能：用于根据所创建的报表定义文件显示或打印报表。

A.8　窗 口 命 令

(1)　ACTIVATE SCREEN 命令

格式：ACTIVATE SCREEN

功能：用于将结果输出到 Visual FoxPro 主窗口。

(2)　ACTIVATE WINDOW 命令

格式：ACTIVATE WINDOW <窗口名表>/ALL [IN [WINDOW] <窗口名>/IN SCREEN][BOTTOM/TOP/SAME][NO SHOW]

功能：用于显示并激活一个或多个用户自定义窗口或 Visual FoxPro 系统窗口。

(3)　DEACTIVATE WINDOW 命令

格式：DEACTIVATE WINDOW <窗口名 1> [<窗口名 2>...]/ALL

功能：用户自定义窗口或 Visual FoxPro 系统窗口失效，并将它们从屏幕上移去，但不从内存中删除。

(4)　DEFINE WINDOW 命令

格式：DEFINE WINDOW <窗口名 1> FROM <行号 1, 列号 1> TO <行号 2, 列号 2>/AT<行号 3, 列号 3> SIZE <行数, 列数>[IN [WINDOW] <窗口名 2>/INSCREEN/IN DESKTOP][NAME <对象名>][FONT <字体名>[, <字体大小>]][STYLE <字型>][TITLE <窗口标题 >][HALFHEIGHT][DOUBLE/PANEL/NONE/SYSTEM/< 自定义边框字符串 >][CLOSE/NOCLOSE][FLOAT/NOFLOAT][GROW/NOGROW][MDI/NOMDI][MINIMIZE/NOMINIMIZE][ZOOM/NOZOOM][ICON FILE <文件名 1>][FILL FILE <文件名 2>][COLOR SCHEME <颜色编号>/COLOR <颜色队表>]

功能：使用编程方式创建一个用户自定义窗口。

(5)　HIDE WINDOW 命令

格式：HIDE WINDOW <窗口名表 1>/ALL/SCREEN[IN [WINDOW <窗口名>]/IN [WINDOW] SCREEN/IN [WINDOW][BOTTOM/TOP/SAME]]

功能：用于隐藏一活动的用户自定义窗口或 Visual FoxPro 系统窗口。

(6) MODIFY WINDOW 命令

格式：MODIFY WINDOW <窗口名>/SCREEN

功能：用于修改用户自定义窗口或 Visual FoxPro 主窗口。

(7) MOVE WINDOW 命令

格式：MOVE WINDOW <窗口名> TO <行号 1, 列号 1>/BY<行号 2, 列号 2>/CENTER

功能：将 DEFINE WINDOW 命令创建的用户自定义窗口或是 Visual FoxPro 的系统窗口移动到指定位置。

(8) RELEASE WINDOW 命令

格式：RELEASE WINDOW [<窗口名表>]

功能：用于从内存中释放用户自定义窗口或 Visual FoxPro 主窗口。

(9) RESTORE SCREEN 命令

格式：RESTORE SCREEN [FROM <变量名>]

功能：用于恢复原来保存在屏幕缓冲包\内存变量或数组元素中的 Visual FoxPro 主窗口或用户自定义的窗口。

(10) RESTORE WINDOW 命令

格式：RESTORE WINDOW <窗口名表>/ALL FROM <文件名>/FROM MENU <备注字段名>

功能：用于将保存在窗口文件或各备注字段中的窗口定义和窗口状态恢复到内存中。

(11) SAVE SCREEN 命令

格式：SAVE SCREEN [TO <变量名>]

功能：用于将 Visual FoxPro 主窗口或活动的用户自定义窗口的图像保存屏幕缓冲区/内存变量或数组元素中。

(12) SAVE WINDOW 命令

格式：SAVE WINDOW <窗口名表>/ALL TO <文件名>/TO MEMO <备注字段名>

功能：用于将指定的窗口定义保存到窗口文件或备注字段中。

(13) SCROLL 命令

格式：SCROLL <行号 1, 列号 1, 行号 2, 列号 2, 行数>[, <列数>]

功能：向上、向下、向左或向右滚动 Visual FoxPro 主窗口或用户自定义的指定区域。

(14) SHOW WINDOW 命令

格式：SHOW WINDOW <窗口名表>/ALL/SCREEN[IN [WINDOW] <窗口名>/IN SCREEN][REFRESH][TOP/BOTTOM/SAME][SAVE]

功能：用于显示一个或多个用户自定义窗口或 Visual FoxPro 系统窗口，但不激活。

(15) SIZE WINDOW 命令

格式：SIZE WINDOW <窗口名> TO <行号 1, 列号 1>/BY <行号 2, 列号 2>

功能：更改 DEFINE WINDOW 命令创建的窗口大小，或者更改 Visual FoxPro 系统窗口的大小。

(16) ZOOM WINDOW 命令

格式：ZOOM WINDOW <窗口名> MIN/MAX/NORM [AT <行号 1, 列号 1>/FROM <行号 1, 列号 1> [SIZE AT <行号 2, 列号 2>/TO <行号 2, 列号 2>]]

功能：用于更改用户自定义窗口或 Visual FoxPro 系统窗口的大小与位置。

A.9 与时间有关的命令

(1) SET CENTURY 命令

格式：SET CENTURY ON/OFF/TO [<数值表达式 1>][ROLLOVER <数值表达式 2>]

功能：当显示日期表达式时，年份是显示 4 位数还是两位数。默认值为 OFF(两位)。

(2) SET DATE 命令

格式：SET DATE [TO] AMERICAN/ANSI/BRITISH/FRENCH/GERMAN/ITALIAN/JAPAN
/USA/MDY/DMY/YDM/SHOR/LONG

功能：用户指定当前日期表达式和时间表达式的显示格式。

(3) SET FWEEK 命令

格式：SET FWEEK TO [<数值表达式>]

功能：用于指定一周中的第一天要满足的条件。

(4) SET FWEK 命令

格式：SET FWEK TO [<数值表达式>]

功能：用于指定一年中的第一周要满足的条件。

(5) SET MAKE TO 命令

格式：SET MAKE TO [<日期分隔字符>]

功能：用于指定当显示日期表达式时所使用的分隔符。

A.10 程序控制命令

(1) #DEFINE ... #UNDEF 预处理器命令

格式 1：#DEFINE <常量名><表达式>

功能：用于创建编译期间所用的常量。

格式 2：#UNDEF <常量名>

功能：释放由#DEFINE 命令创建的编译期间所用的变量。

(2) # IF...#ENDIF 预处理器命令

格式：#IF <数值表达式 1>/<逻辑表达式 1>
　　　 <命令行>
　　 #ELIF <数值表达式 2>/<逻辑表达式 2>
　　　 <命令行>
　　 [#EILF <数值表达式 n>/<逻辑表达式 n>
　　　 <命令行>]
　　 [# ELSE
　　　 <命令行>]
　　 #ENDIF

功能：用于当进行编译时，根据条件决定是否编译某段源代码。

(3) # IFDEF/#IFNDEF...#ENDIF 预处理器命令

格式：# IFDEN/#IFNDEF<常量名>

       <命令行>

    [#ELSE

      <命令行>]

    # ENDIF

功能：用于在编译期间，根据是否定义了某一个编译常量，来决定是否要编译一段源代码。

(4) #INCLUDE 命令

格式：#INCLUDE <文件名>

功能：用 Visual FoxPro 预处理器去处理指定头文件的内容。

(5) &命令

格式：& <变量名>[.<字符串表达式>]

功能：执行宏替换。

(6) &&命令

格式：&& [<注释文字>]

功能：对命令进行注释。

(7) *命令

格式：*[<注释文字>]

功能：用于注释语句行。

(8) ASSERT 命令

格式：ASSERT <逻辑表达式> [MESSAGE <字符串表达式>]

功能：如指定的逻辑表达式为假(.F.)，则显示一个调试信息框。

(9) CANCEL 命令

格式：CANCEL

功能：取消当前 Visual FoxPro 应用程序的执行。

(10) COMPILE 命令

格式：COMPILE <文件名>/<文件梗概> [ENCRYPT][NODEBUG][AS <代码页>]

功能：用于编译一个或多个文件，并为每一个源文件创建一个目标文件。

(11) DEBUG 命令

格式：DEBUG

功能：启动 Visual FoxPro 调试器。

(12) DEBUGOUT 命令

格式：DEBUGOUT<表达式>

功能：在"调试输出"窗口中显示一个表达式的值。

(13) DECLARE 命令

格式：DECLARE <数组名 1>(<数值表达式 1>[, <数值表达式 2>])[, <数组名 2>(<数值表达式 1> [, <数值表达式 2>])...]

功能：定义若干个一维或二维数组。

(14) DIMENSION 命令

格式：DIMENSION <数组名 1>(<数值表达式 1>[, <数值表达式 2>])[, <数组名 2>(<数值表达式 1>[, <数值表达式 2>])...]

功能：与 DECLARE 命令一样，定义若干个一维或二维数组。　_

(15) DO 命令

格式：DO <程序名>/<过程名> [IN <程序名 2>][WITH <参数表>]

功能：用于执行一个 Visual FoxPro 程序或过程。

(16) DOEVENTS 命令

格式：DOEVENTS

功能：用于执行所有等待的 Window 事件。

(17) ERROR 命令

格式：ERROR <错误编号>/<错误编号，错误信息字符串>/[<错误信息字符串>]

功能：用于生成一个 Visual FoxPro 错误。

(18) EXTERNAL 命令

格式：EXTERNAL FILE <文件名表>/ARRAY <数组名表>/CLASS/FORM/LABEL/LIBRARY/MENU/PROCEDURE/QUERY/REPORT/SCREEN/TABLE

功能：用于向项目管理器提示一个未定义的引用。

(19) GETEXPR 命令

格式：GETEXPR [<标题文本> TO <内存变量名>[TYPE <表达式类型字符>[, <错误信息文本>]][DEFAULT <默认表达式>]

功能：用于显示"表达式生成器"对话框，从中可创建表达式并将其存储在内存变量或数组元素中。

(20) LOCAL 命令

格式 1：LOCAL <内存变量表>

格式 2：LOCAL [ARRAY] <数组名 1>(<数值表达式 1>[, <数值表达式 2>])[, <数组名 2>(<数值表达式 1>[, <数值表达式 2>]) ...]

功能：用于创建局部内存变量或内存变量数组。

(21) MODIFY COMMAND 命令

格式：MODIFY COMMAND [<文件名>/?][NOEDIT][NOMENU][NOWAIT][RANGE <起始字符, 终止字符>][WINDOW <窗口名 1>][IN [WINDOW] <窗口名 2>/IN SCREEN]][AS <代码页>][SAME][SAVE]

功能：用于打开一个编辑窗口，并修改或创建程序文件。

(22) NOTE 命令

格式：NOTE [<注释文字>]

功能：用于注释语句行。

(23) PRIVATE 命令

格式 1：PRIVATE <内存变量表>

格式 2：PRIVATE ALL [LIKE <变量梗概>/EXCEPT <变量梗概>]

功能：在当前程序中隐藏指定的、在主调程序中定义的内存变量或数组。

(24) PUBLIC 命令

格式 1：PUBLIC <内存变量表>

格式 2：PUBLIC [ARRAY] <数组名 1> (<数值表达式 1>[, <数值表达式 2>])[, <数组名 2>(<数值表达式 1>[, <数值表达式 2>])...]

功能：用于定义全局内存变量或数组。

(25) RELEASE 命令

格式：RELEASE <内存变量表>/ALL [EXTENDED]/ALL [LIKE <变量梗概>/EXCEPT <变量梗概>]

功能：用于从内存中释放内存变量和数组。

(26) RELEASE LIBRARY 命令

格式：RELEASE LIBRARY <API 库名>

功能：用于从内存中删除一个 API 库。

(27) RELEASE PROCEDURE 命令

格式：RELEASE PROCEDURE <文件名>

功能：用于关闭用 SET PROCEDURE 命令打开的过程文件。

(28) RESTORE FROM 命令

格式：RESTORE FROM <文件名>/MEMO <备注字段名> [ADDITIVE]

功能：用于恢复保存在内存变量文件或备注字段中的内存变量或数组。

(29) RESUME 命令

格式：RESUME

功能：用于继续执行一个挂起的程序。

(30) RETRY 命令

格式：RETRY

功能：用于将控制权返回给主调程序，且重新执行主调程序中最后执行过的程序行。

(31) SAVE TO 命令

格式：SAVE TO <文件名>/MEMO <备注字段名>[ALL LIKE <变量梗概>/ALL EXCEPT <变量梗概>]

功能：用于将当前内存变量和数组保存到内存变量文件(扩展名为.MEM)或备注字段中。

(32) SET DEBUGOUT 命令

格式：SET DEBUGOUT [<文件名> [ADDITIVE]]

功能：用于将调试结果输出到一个文件。

(33) SET ECHO 命令

格式：SET ECHO ON/OFF

功能：用于为调试程序打开跟踪窗口。

(34) SET EVENTLIST 命令

格式：SET EVENTILIST TO [<事件名表> [ADDITIVE]]

功能：用于指定被跟踪的事件，这些事件将显示在"调试输出"窗口中或输出到由

SET EVENTTRACKING 命令指定的文件中。

(35) SET EVENTTRACKING 命令

格式：SET EVENTTRACKING ON/OFF/PROMPT TP <文件名> [ADDITIVE]]

功能：允许或关闭事件跟踪，或指定事件跟踪信息输出到一个文本文件中。

(36) SET LIBRARY 命令

格式：SET LIBRARY TO [<文件名> [ADDITIVE]]

功能：用于打开一个外部的 API(应用程序接口)库文件。

(37) SET LOGERRORS 命令

格式：SET LOGERRORS ON/OFF

功能：决定 Visual FoxPro 是否将编译错误信息送入文本文件。

(38) SET PROCEDURE 命令

格式：SET PROCEDURE TO [<文件名表>][ADDITIVE]

功能：用于打开过程文件。

(39) SET STEP 命令

格式：SET STEP ON/OFF

功能：用于为程序调试打开跟踪窗口，并挂起程序。

(40) SET TRBETWEEN 命令

格式：SET TRBETWEEN ON/OFF

功能：用于在跟踪窗口的断点之间启用或废止跟踪。

(41) SET UDFPARMS 命令

格式：SET UDFPARMS TO VALUE/REFERENCE

功能：用于指定 Visual FoxPro 向用户自定义函数传递参数时是按值传递还是按引用传递。

(42) STORE 命令

格式 1：STORE <表达式> TO <内存变量表>/<数组名表>

格式 2：<变量名>/<数组名>=<表达式>

功能：用于将数据存入内存变量、数组或数组元素中。

(43) SUSPEND 命令

格式：SUSPEND

功能：用 SUSPEND 可暂停程序的执行，并返回到 Visual FoxPro 的交互状态。

A.11　程序管理命令

(1)　BUILD APP 命令

格式：BUILD APP <应用程序文件名> FROM <项目文件名> [RECOMPILE]

功能：用于将项目文件生成以.APP 为扩展名的应用程序。

(2)　BUILD DLL 命令

格式：BUILD DLL <动态链接库文件名> FROM <项目文件名> [RECOMPILE]

功能：用于创建一个动态链接库，其文件名后缀为.DLL。

(3) BUILD EXE 命令

格式：BUILD EXE <可执行文件名> FROM <项目文件名> [RECOMPILE]

功能：用于将项目文件生成一个可执行文件。

(4) BUILD PROJECT 命令

格式：BUILD PROJECT <项目文件名> [RECOMPILE] FROM <项目包含文件表>

功能：用于创建并生成一个项目文件。

(5) COMPILE 命令

格式：COMPILE [CLASSLIB/label/REPROT]<文件名>/<文件梗概>/?[ENCRYPT][NODEBUG][AS <代码页>]

功能：用于编译一个或多个源程序，并为每个源程序创建一个对象文件。

(6) CREATE PROJECT 命令

格式：CREATE PROJECT [<文件名>/?][NOWAIT][SAVE][WINDOW <窗口名 1>][IN [WINDOW] <窗口名 2>/IN SCREEN][NOSHOW][NOPRO][ECHOOR]

功能：用于打开项目管理器并创建一个项目。

(7) CREATE QUERY 命令

格式：CREATE QUERY[<文件名>/?][NOWAIT]

功能：用于打开查询设计器，从中可以设计查询。

(8) DISPLAY MEMORY 命令

格式：DISPLAY MEMORY [LIKE <变量梗概>][NOCONSOLE][TO PRINTER [PROMPT] /TO FILE <文件名>]

功能：用于显示内存变量和数组的当前内容。

(9) HELP 命令

格式：HELP [TOPIC/ID <上下文标识>][IN [WINDOW] <窗口名>/IN [WINDOW] SCREEN][NOWAIT]

功能：用于打开帮助窗口。

(10) LIST MEMORY 命令

格式：LIST MEMORY [LIST <变量梗概>][NOCONSOLE][TO PRINTER [PROMPT]/ TO FILE <文件名>]

功能：用于连续显示内存变量和数组的当前内容。

(11) MODIFY QUERY 命令

格式：MODIFY QUERY [<文件名>/?][IN SCREEN][NOWAIT][SAVE][AS <代码页>]

功能：用于打开查询设计器，并修改或创建一个查询。

(12) READ EVENTS 命令

格式：READ EVENTS

功能：用于开始事件处理。

A.12 网 络 命 令

(1) BEGIN TRANSACTION 命令

格式：BEGIN TRANSACTION

功能：用于启动一个事务处理。

(2) CREATE SQL VIEW 命令

格式：CREATE SQL VIEW [<视图名>][REMOTE][CONNECTION <连接名>][SHARE/
CONNECTION <数据源名>][AS <合法的 SQL SELECT 语句>]

功能：用于显示视图设计器并创建 SQL 视图。

(3) END TRANSACTION 命令

格式：END TRANSACTION

功能：用于结束当前事务。

(4) ROLLBACK 命令

格式：ROLLBACK

功能：用于取消当前事务期间对数据库所做的任何修改。

(5) SET LOCK 命令

格式：SET LOCK ON/OFF

功能：用于激活或者废止在某些命令中的自动锁定功能。

(6) SET MULTILOCKS 命令

格式：SET MULTILOCKS ON/OFF

功能：用于决定能否使用 LOCK()或 RLOCK()锁定多个记录。

(7) SET REFRESH 命令

格式：SET REFRESH TO <数值表达式>[, <数值表达式 2>]

功能：用于当网络上的其他用户修改记录时，确定是否更新浏览窗口。

(8) SET REPROCESS 命令

格式：SET REPROCESS TO <数值表达式>[SECOND]/TO AUTOMATIC

功能：用于指定一次锁定尝试不成功后，Visual FoxPro 对文件或记录再次尝试加锁的次数或时间。

(9) UNLOCK 命令

格式：UNLOCK [RECORD <记录号>][IN <工作区号>/<别名>][ALL]

功能：用于对一个表中的单条记录、多条记录或者文件解锁，或者对所有打开的表解除所有记录和文件锁。

附录 B　Visual FoxPro 常用函数简介

B.1　字符处理函数

(1)　ALINES()函数

格式：ALINES(<字符表达式或备注字段名>[, .T./.F.])

功能：用于将一个字符表达式或备注字段中的每一行复制到一个数组的相应行。

(2)　ALLTRIM()函数

格式：ALLTRIM(<字符表达式>)

功能：用于删除指定字符表达式的前后空格符，并返回删除空格后的字符串。

(3)　ASC()函数

格式：ASC(<字符表达式>)

功能：用于返回字符表达式中最左边字符的 ANSI 值。

(4)　AT/ATC()函数

格式：AT/ATC(<字符表达式 1>, <字符表达式 2>[, <数值表达式>])

功能：用于返回<字符表达式 1>在<字符表达式 2>中首先出现的位置，从最左边开始计数。其中，ATC()不区分字符大小写。

(5)　ATC/ATCC()函数

格式：ATC/ATCC(<字符表达式 1>, <字符表达式 2>[, <数值表达式>])

功能：用于返回<字符表达式 1>在<字符表达式 2>中首先出现的数值位置，从最左边字符算起。其中，ATCC()不区分大小写。

(6)　ATCLINE/ATLINE()函数

格式：ATCLINE/ATLINE(<字符表达式 1>, <字符表达式 2>)

功能：用于返回<字符表达式 1>在<字符表达式 2>中第一次出现的行号。其中，ATCLINE()不区分大小写。

(7)　BETWEEN()函数

格式：BETWEEN(<表达式 1>, <表达式 2>, <表达式 3>)

功能：判断<表达式 1>的值是否介于相同数据类型的后两个表达式之间。若是，则返回"真"(.T.)；否则，返回"假"(.F.)。

(8)　CHRSAW()函数

格式：CHRSAW([<数值表达式>])

功能：用于确定键盘缓冲区中是否有字符，若有，则返回"真"(.T.)；否则，返回"假"(.F.)。

(9)　CHRTRAN()函数

格式：CHRTRAN(<字符表达式 1>, <字符表达式 2>, <字符表达式 3>)

功能：用于在<字符表达式 1>中，将与<字符表达式 2>中字符相匹配的字符替换为<字

符表达式 3>中的相应字符。替换字符在<字符表达式 3>中的位置与被替换字符在<字符表达式 2>中的位置相同。

(10) CHRTRANC()函数

格式：CHRTRANC(<字符表达式 1>, <字符表达式 2>, <字符表达式 3>)

功能：用于在<字符表达式 1>中，将与<字符表达式 2>中字符相匹配的字符替换为<字符表达式 3>中的相应字符。替换字符在<字符表达式 3>中的位置与被替换字符在<字符表达式 2>中的位置相同。此函数可以进行单字节字符与双字节字符之间的替换，如果表达式中只有单字节字符，则 CHRTRANC()等同于 CHRTRAN()。

(11) DIFFERENCE()函数

格式：DIFFERENCE(<字符表达式 1>, <字符表达式 2>)

功能：用于返回 0~4 间的一个整数，表示两个字符表达式间的发音差别。

(12) EVALUATE()函数

格式：EVALUATE(<表达式>)

功能：用于计算字符表达式的值并返回结果。

(13) INLIST()函数

格式：INLIST(<表达式 1>, <表达式 2>[,<表达式 3> ...])

功能：用于判断<表达式 1>是否与其后面的一组表达式中的某个表达式相匹配。

(14) ISALPHA()函数

格式：ISALPHA(<字符表达式>)

功能：用于判断<字符表达式>中的最左边一个字符是否为字母，其返回值为逻辑型。

(15) ISBLANK()函数

格式：ISBLANK(<表达式>)

功能：用于判断表达式是否为空值。返回值为逻辑型。

(16) ISDIGIT()函数

格式：ISDIGIT(<字符表达式>)

功能：用于判断<字符表达式>最左边一个字符是否为数字(0~9)。其返回值为逻辑型。

(17) ISLOWER()函数

格式：ISLOWER(<字符表达式>)

功能：用于判断<字符表达式>最左边一个字符是否为小写字母。其返回值为逻辑型。

(18) ISUPPER()函数

格式：ISUPPER(<字符表达式>)

功能：用于判断字符表达式的首字符是否为大写字母。其返回值为逻辑型。

(19) LEFT()函数

格式：LEFT(<字符表达式>, <数值表达式>)

功能：用于从<字符表达式>的最左边的字符开始，返回指定数目的字符。

(20) LEFTC()函数

格式：LEFYC(<字符表达式>, <数值表达式>)

功能：用于从包含单字节和双字节的任意组合的<字符表达式>的最左边字符开始，返回指定数目的字符。

(21) LEN/LENC()函数

格式：LEN/LENC(<字符表达式>)

功能：用于返回<字符表达式>中字符的数目。

(22) LIKE/LIKEC()函数

格式：LIKE/LIKEC(<字符表达式 1>, <字符表达式 2>)

功能：用于确定<字符表达式 1>是否与<字符表达式 2>匹配。

(23) LOWER()函数

格式：LOWER(<字符表达式>)

功能：用于以小写字母形式返回<字符表达式>。

(24) LTRIM()函数

格式：LTRIM(<字符表达式>)

功能：用于删除<字符表达式>的前导空格后返回。

(25) NORMALIZE()函数

格式：NORMALIZE(<字符表达式>)

功能：用于将用户提供的字符表达式转换为可与 Visual FoxPro 函数返回值比较的格式。

(26) OCCURS()函数

格式：OCCURS(<字符表达式 1>, <字符表达式 2>)

功能：用于返回<字符表达式 1>在<字符表达式 2>中出现的次数。

(27) PADL/PADR/PADC()函数

格式：PADL/PADR/PADC(<表达式 1>, <数值表达式 1>[, <字符表达式 1>])

功能：用于由<表达式 1>返回一个字符串，并从左边、右边或同时从两边用空格或字符把该字符串填充到指定长度。

(28) PROPER()函数

格式：PROPER(<字符表达式>)

功能：用于从<字符表达式>中返回一个字符串，字符串的每个首字母大写。

(29) RAT/RATC()函数

格式：RAT/RATC(<字符表达式 1>, <字符表达式 2>[, <数值表达式>])

功能：用于返回<字符表达式 1>在<字符表达式 2>中第一次出现的位置，从最右边的字符算起。

(30) RATLINE()函数

格式：RATLINE(<字符表达式 1>, <字符表达式 2>)

功能：用于返回<字符表达式 1>在<字符表达式 2>中最后一次出现的行号，从最后一行开始计数。

(31) REPLICATE()函数

格式：REPLICATE(<字符表达式>, <数值表达式>)

功能：用于返回一个字符串，该字符串是将<字符表达式>重复指定次数后得到的。

(32) RIGHT/RIGHTC()函数

格式：RIGHT/RIGHTC(<字符表达式>, <数值表达式>)

功能：用于从指定字符串的最右边开始，返回指定数目的字符。其中，RIGHTC()用于处理包含双字节字符的表达式。

(33) RTRIM()函数

格式：RTRIM(<字符表达式>)

功能：用于返回删除了<字符表达式>右边空格后所得到的字符串。

(34) SPACE()函数

格式：SPACE(<数值表达式>)

功能：用于返回由指定数目的空格所构成的字符串。

(35) STR()函数

格式：STR(<数值表达式 1>[, <数值表达式 2>[, <数值表达式 3>]])

功能：返回与<数值表达式 1>相对应的字符串。

(36) STRTRAN()函数

格式：STRTRAN(<字符表达式 1>, <字符表达式 2>[, <字符表达式 3>] [, <数值表达式 1>][, <数值表达式 2>])

功能：用于在<字符表达式 1>中搜索<字符表达式 2>，若搜索到，则每次用<字符表达式 3>替换<字符表达式 1>中的对应字符。

(37) STUFF/STUFFC()函数

格式：STUFF/STUFFC(<字符表达式 1>, <数值表达式 1>, <数值表达式 2>, <字符表达式 2>)

功能：用于返回一个字符串，此字符串是通过用<字符表达式 2>替换<字符表达式 1>中指定数目的字符得到的。

(38) SUBSTR/SUBSTRC()函数

格式：SUBSTR/SUBSTRC(<字符表达式>, <数值表达式 1>[, <数值表达式 2>])

功能：用于从给定的<字符表达式>中返回指定数目的字符。

(39) TRIM()函数

格式：TRIM(<字符表达式>)

功能：用于返回删除<字符表达式>中的全部后缀空格后所得到的字符串。

(40) TYPE()函数

格式：TYPE(<表达式>)

功能：用于返回<表达式>值的数据类型。

(41) UPPER()函数

格式：UPPER(<字符表达式>)

功能：用于将<字符表达式>中的英文小写字母全部转换成大写字母。

B.2 数据转换函数

(1) BINTOC()函数

格式：BINTOC(<数值表达式>[, <数值表达式>])

功能：用于将数值型数据用指定字长的二进制字符表示。

(2) CHR()函数

格式：CHR(<ANSI 代码>)

功能：用于根据指定的 ANSI 数值代码返回相应的字符。

(3) CREATEBINARY()函数

格式：CREATEBINARY(<字符表达式>)

功能：用于将指定的 Visual FoxPro 字符型数据转换为二进制字符型数据。

(4) CTOBIN()函数

格式：CTOBIN(<字符表达式>)

功能：用于将二进制字符型数据转换为整数。

(5) CTOD()函数

格式：CTOD(<字符表达式>)

功能：用于把字符型数据转换为日期型数据。

(6) CTOT()函数

格式：CTOT(<字符表达式>)

功能：用于把字符型数据转换为日期时间型数据。

(7) DTOC()函数

格式：DTOC(<日期表达式>[, 1])

功能：用于把日期型数据转换为字符型数据。

(8) DTOS()函数

格式：DTOS(<日期表达式>)

功能：用于将日期型数据转换为 yyyymmdd 格式的字符串。

(9) DTOT()函数

格式：DTOT(<日期表达式>)

功能：用于将日期型数据转换为日期时间型数据。

(10) MTON()函数

格式：MTON(<货币型表达式>)

功能：用于将货币型数据转换为数值型数据。

(11) NTOM()函数

格式：NTOM(<数值表达式>)

功能：用于将数值型数据转换为货币型数据。

(12) NVL()函数

格式：NVL(<表达式 1>/<表达式 2>)

功能：用于从两个表达式中返回一个非 NULL 值。

(13) TTOC()函数

格式：TTOC(<日期时间表达式>[, 1])

功能：用于将日期时间型数据转换为字符型数据。

(14) TTOD()函数

格式：TIOD(<日期时间表达式>)

功能：用于将日期时间型数据转换为日期型数据。

(15) VAL()函数

格式：VAL(<字符表达式>)

功能：用于将数字组成的字符型数据转换为数值型数据。

(16) VARTYPE()函数

格式：VARTYPE(<表达式>[, <逻辑表达式>])

功能：用于返回一个表达式的数据类型。

B.3　日期和时间函数

(1)　CDOW()函数

格式：CDOW(<日期表达式>/<日期时间表达式>)

功能：用于从给定的日期型数据中返回星期值。

(2)　CMONTH()函数

格式：CMONTH(<日期表达式>/<日期时间表达式>)

功能：用于从给定的日期型数据中返回月份值。

(3)　DATE()函数

格式：DATE()

功能：用于返回系统的当前日期。

(4)　DATETIME()函数

格式：DATETIME()

功能：用于返回系统的当前日期和时间。

(5)　DAY()函数

格式：DAY(<日期表达式>/<日期时间表达式>)

功能：用于以数值型返回给定日期表达式是某月中的第几天。

(6)　DMY()函数

格式：DMY(<日期表达式>/<日期时间表达式>)

功能：用于从一个日期型或日期时间型表达式返回一个"日-月-年"格式的字符表达式。月名不缩写。

(7)　DOW()函数

格式：DOW(<日期表达式>/<日期时间表达式>[, <数值表达式>])

功能：用于从日期型或日期时间型表达式返回一个数值型的星期几。

(8)　FDATE()函数

格式：FDATE(<文件名>)

功能：用于返回文件最后一次被修改的日期。

(9)　GOMONTH()函数

格式：GOMONTH(<日期表达式>/<日期时间表达式>[, <数值表达式>])

功能：用于对给定的日期表达式，返回指定月份以前或以后的日期。

(10) HOUR()函数

格式：HOUR(<日期时间表达式>)

功能：用于返回日期时间表达式的小时部分。

(11) MDY()函数

格式：MDY(<日期表达式>/<日期时间表达式>)

功能：用于从日期型或日期时间型表达式返回"月-日-年"格式的字符表达式。

(12) MINUTE()函数

格式：MINUTE(<日期时间型表达式>)

功能：用于返回日期时间型表达式中的分钟部分。

(13) MONTH()函数

格式：MONTH(<日期表达式>/<日期时间表达式>)

功能：用于返回给定日期表达式中的月份。

(14) SEC()函数

格式：SEC(<日期时间表达式>)

功能：用于返回日期时间表达式中的秒。

(15) SECONDS()函数

格式：SECONDS()

功能：用于以秒为单位，返回自午夜零点以来经过的时间。

(16) TIME()函数

格式：TIME(<数值表达式>)

功能：用于以 24 小时制、8 位字符串(时:分:秒)格式返回当前系统时间。

(17) WEEK()函数

格式：WEEK(<日期表达式>/<日期时间表达式>[, <数值表达式 1>][, <数值表达式 2>]

功能：用于从日期型表达式中返回代表一年中第几周的数值。

(18) YEAR()函数

格式：YEAR(<日期表达式>/<日期时间表达式>)

功能：用于从指定的日期表达式中返回年份。

B.4　数　值　函　数

(1)　ABS()函数

格式：ABS(<数值表达式>)

功能：用于返回指定数值表达式的绝对值。

(2)　ACOS/ASIN/ATAN/COS/SIN/TAN()函数

格式：ACOS/ASIN/ATAN/COS/SIN/TAN(<数值表达式>)

功能：用于返回指定数值表达式的反余弦弧度值/反正弦弧度值/反正切弧度值/余弦值/正弦值/正切值。

(3)　BITAND()函数

格式：BITAND(<数值表达式 1>, <数值表达式 2>)

功能：用于返回两个数值按位进行 AND 运算后的结果。

(4)　BITCLEAR()函数

格式：BITCLEAR(<数值表达式 1>, <数值表达式 2>)

功能：用于清除一数值的指定位(将此位设置成 0)，并返回结果值。

(5)　BITLSHIFT()函数

格式：BITLSHIFT(<数值表达式 1>, <数值表达式 2>)

功能：用于返回一数值向左移动给定位后的结果。

(6)　BITNOT()函数

格式：BITNOT(<数值表达式>)

功能：用于返回一个数值按位进行 NOT 运算后的结果。

(7)　BITOR()函数

格式：BITOR(<数值表达式 1>, <数值表达式 2>)

功能：用于返回两个数值按位进行 OR 运算后的结果。

(8)　BITRSHIFF()函数

格式：BITRSHIFT(<数值表达式 1>, <数值表达式 2>)

功能：用于返回一个数值向右移动指定位后的结果。

(9)　BITSET()函数

格式：BITSET(<数值表达式 1>, <数值表达式 2>)

功能：用于将一个数值的某位设置为 1，并返回结果。

(10) BITTEST()函数

格式：BITTEST(<数值表达式 1>, <数值表达式 2>)

功能：用于确定<数值表达式 1>的指定位数是否为 1。若为 1，则返回"真"(.T.)；否则，返回"假"(.F.)。

(11) CEILING()函数

格式：CEILING(<数值表达式>)

功能：用于返回大于或等于指定数值表达式的最小整数。

(12) DTOR()函数

格式：DTOR(<数值表达式>)

功能：用于将度数转换为弧度。

(13) EXP()函数

格式：EXP(<数值表达式>)

功能：用于返回 e^x 的值，其中 x 是给定的<数值表达式>。

(14) FLOOR()函数

格式：FLOOR(<数值表达式>)

功能：用于返回小于或等于给定数值的最大整数。

(15) FV()函数

格式：FV(<周期性付款金额>, <周期利率>, <已付款的周期数>)

功能：用于返回一笔金融投资的未来值。

(16) INT()函数

格式：INT(<数值表达式>)

功能：用于返回<数值表达式>值的整数部分。

(17) LOG/LOG10()函数

格式：LOG/LOG10(<数值表达式>)

功能：用于返回<数值表达式>值的自然对数(底数为 e)/常用对数(底数为 10)。

(18) MAX/MIN()函数

格式：MAX/MIN(<表达式列表>)

功能：用于比较几个表达式的值，并返回其中具有最大值/最小值的表达式。

(19) MOD()函数

格式：MOD(<数值表达式 1>, <数值表达式 2>)

功能：用于求两个表达式相除的余数。

(20) PI()函数

格式：PI()

功能：用于返回数值常数圆周率。其小数位数由 SET DECIMALS 命令决定。

(21) RAND()函数

格式：RAND(<数值表达式>)

功能：用于返回一个 0~1 之间的随机数。

(22) ROUND()函数

格式：ROUND(<数值表达式 1>, <数值表达式 2>)

功能：用于将<数值表达式 1>的值按指定小数位数四舍五入，并返回结果。

(23) RTOD()函数

格式：RTOD(<数值表达式>)

功能：用于将弧度转化为度。

(24) SIGN()函数

格式：SIGN(<数值表达式>)

功能：用于返回指定<数值表达式>的符号。

(25) SQRT()函数

格式：SQRT(<数值表达式>)

功能：用于返回指定<数值表达式>的平方根。

B.5　数据库操作函数

(1)　ADATABASES()函数

格式：ADATABASES(<数组名>)

功能：用于将所有打开的数据库的名称和路径放到内存变量数组中。

(2)　ADBOBJECTS()函数

格式：ADBOBJECTS(<数组名>, <名称字符串>)

功能：用于把当前数据库中的命名连接名、关系名、表名或 SQL 视图名放到一个内存变量数组中，由<名称字符串>指定放置哪些名称。

(3)　AFIELDS()函数

格式：AFIELDS(<数组名>[, <工作区号>/<别名>])

功能：用于把当前表的结构信息存放在指定数组中，并且返回表的字段数。

(4)　ALIAS()函数

格式：ALIAS([<工作区号>/<别名>])

功能：用于返回当前工作区或指定工作区的别名。

(5)　AUSED()函数

格式：AUSED(<数组名>[, <数组工作期编号>])

功能：用于将一个数据工作期中的工作区别名存入数组，并返回数组的行数。

(6)　BOF()函数

格式：BOF([<工作区号>/<别名>])

功能：用于确定当前记录指针是否在表头。

(7)　CANDIDATE()函数

格式：CANDIDATE([<索引标识编号>[, <工作区号>/<别名>]]

功能：用于检查某一索引标识是否是候选索引标识。如果是候选索引标识，则返回“真”(.T.)；否则，返回“假”(.F.)。

(8)　CDX()函数

格式：CDX(<索引位置编号>[, <工作区号>/<别名>])

功能：用于根据指定的索引位置编号，返回打开的复合索引(.CDX)文件名称。

(9)　CPDBF()函数

格式：CPDBF([<工作区号>/<别名>])

功能：用于返回一个打开表所使用的代码页。

(10) CREATEOFFLINE()函数

格式：CREATEOFFLINE(<视图名>[, <路径>])

功能：用于由已存在的视图创建一个游离视图。

(11) CURSORGETPROP()函数

格式：CURSORGETPROP([<属性名称>][, <工作区号>/<别名>])

功能：用于返回指定表的当前属性设置。

(12) CURSORSETPROP()函数

格式：CURSORSETPROP([<属性名称>][, <表达式>][, <工作区号>/<别名>])

功能：用于为指定表设置属性。

(13) CURVAL()函数

格式：CURVAL([<字段列表>][, <工作区号>/<别名>])

功能：用于从磁盘上的表或远程数据库中直接返回指定字段值。

(14) DBC()函数

格式：DBC()

功能：用于返回当前数据库的名称和路径。

(15) DBF()函数

格式：DBF([<工作区号>/<别名>])

功能：用于返回指定工作区中打开的表名。

(16) DBGETPROP()函数

格式：DBGETPROP(<名称>, <类型>, <属性名称>)

功能：用于返回当前数据库的属性，或者返回当前数据库中字段、命名连接、表或视图的属性。

(17) DBSETPROP()函数

格式：DBSETPROP(<名称>, <类型>, <属性名称>, <属性值>)

功能：用于给当前数据库或当前数据库中的字段、命名连接、表或视图设置属性。

(18) DBUSED()函数

格式：DBUSED(<数据库名>)

功能：用于检测指定数据库是否已打开。若已打开，则返回"真"(.T.)；否则，返回"假"(.F.)。

(19) DELETE()函数

格式：DELETE([<工作区号>/<别名>])

功能：用于检测当前记录是否已被打上删除标志。若已被打上删除标志，则返回"真"(.T.)；否则，返回"假"(.F.)。

(20) DROPOFFLINE()函数

格式：DROPOFFLINE(<视图名>)

功能：用于放弃对游离视图的所有修改，并将其放回到数据库中。

(21) EMPTY()函数

格式：EMPTY(<表达式>)

功能：用于确定表达式是否为空。但不能用此函数确定内存变量对象引用是否为空。

(22) EOF()函数

格式：EOF([<工作区号/别名>])

功能：用于确定记录指针是否超出当前表或指定表中的最后记录。

(23) FCOUNT()函数

格式：FCOUNT([<工作区号>/<别名>])

功能：用于返回指定表中的字段数目。

(24) FIELD()函数

格式：FIELD([<字段编号>][, <工作区号>/<别名>])

功能：用于根据字段编号返回指定表中的字段名。

(25) FILTER()函数

格式：FILTER([<工作区号>/<别名>])

功能：用于返回 SET FILTER 命令中指定的表筛选表达式。

(26) FLDLIST()函数

格式：FLDLIST([<字段编号>])

功能：用于对 SET FIELDS 命令指定的字段列表，返回其中的字段和用来计算结果字段的表达式。

(27) FLOCK()函数

格式：FLOCK([<工作区号>/<别名>])

功能：用于锁定当前表或指定表。

(28) FOR()函数

格式：FOR([<索引编号>][, <工作区号>/<别名>])

功能：用于返回一个已打开的单项索引文件或索引标识的索引筛选表达式。

(29) FOUND()函数

格式：FOUND([<工作区号>/<别名>])

功能：如果可执行 CONTINUE、FIND、LOCATE 或 SEEK 命令，函数返回"真" (.T.)；否则，返回"假" (.F.)。

(30) GETFLDSTATE()函数

格式：GETFLDSTATE(<字段名>/<字段编号>[, <工作区号>/<别名>])

功能：用于返回一个数值，标明指定表的字段是否已被编辑，或是否有追加的记录，或者指明当前记录的删除状态是否已更改。

(31) GETNEXTMODIFIED()函数

格式：GETNEXTMODIFIED([<记录号>][, <工作区号>/<别名>])

功能：返回一个记录号，它对应缓冲表或临时表中下一个被修改的记录。

(32) HEADER()函数

格式：HEADER([<工作区号>/<别名>])

功能：用于返回表文件标题所占的字节数。

(33) INDEXSEEK()函数

格式：INDEXSEEK(<索引关键字表达式对>[, <逻辑表达式>][, <工作区号>/<别名>[, <索引编号>/<.IDX 文件名>/<标识名>]]])

功能：用于在一个索引表中搜索第一次出现的某个记录，该记录的索引关键字与指定的表进行匹配，可以不移动记录指针。

(34) ISEXCLUSIVE()函数

格式：ISEXCLUSIVE([<别名>/<工作区号>/<数据库名>[, <类型>]])

功能：用于检测指定表或数据库是否以独占方式打开。

(35) ISREADONLY()函数

格式：ISREADONLY([<工作区号>/<别名>])

功能：用于判断是否以只读方式打开表。

(36) KEY()函数

格式：KEY([<.CDX 索引文件名>]<索引编号>[, <工作区号>/<别名>])

功能：用于返回索引标识或索引文件的索引关键字表达式。

(37) KEYMATCH()函数

格式：KEYMATCH(<索引关键字>[, <索引编号>[, <工作区号>/<别名>]])

功能：用于在索引标识或索引文件中搜索一个索引关键字。

(38) LOOKUP()函数

格式：LOOKUP(<字段名>, <搜索表达式>, <字段名>[, <索引标识名>])

功能：用于在表中搜索字段值与指定表达式匹配的第一个记录。

(39) LUPDATE()函数

格式：LUPDATE([<工作区号>/<别名>])

功能：用于返回指定表最近更新的日期。

(40) MEMLINES()函数

格式：MEMLINES(<备注字段名>)

功能：用于返回备注字段中的行数。

(41) MLINE()函数

格式：MLINE(<备注字段名>, <数值表达式 1>[, <数值表达式 2>])

功能：用于以字符串形式返回备注字段中的指定行。

(42) NDX()函数

格式：NDX(<索引文件编号>[, <工作区号>/<别名>])

功能：用于返回当前表或指定表打开的某一索引文件(.IDX)的名称。

(43) ORDER()函数

格式：ORDER([<工作区号>/<别名>][, <数值表达式>])

功能：用于返回当前表或指定表的主控索引文件或标识。

(44) PRIMARY()函数

格式：PRIMARY([<索引编号>][, <工作区号>/<别名>])

功能：用于检查索引标识是否为主索引标识。若是，则返回“真”(.T.)；否则，返回“假”(.F.)。

(45) RECCOUNT()函数

格式：RECCOUNT([<工作区号>/<别名>])

功能：用于返回当前表或指定表中的记录数目。

(46) RECNO()函数

格式：RECNO([<工作区号>/<别名>])

功能：用于返回当前表或指定表中的当前记录号。

(47) RECSIZE()函数

格式：RECSIZE([<工作区号>/<别名>])

功能：用于返回当前表或指定表中记录大小(宽度)。

(48) REFRESH()函数

格式：REFRESH([<数值表达式 1>[, <数值表达式 2>]][, <工作区号>/<别名>])

功能：用于在可更新的 SQL 视图中刷新数据。

(49) RELATION()函数

格式：RELATION(<数值表达式>[, <工作区号>/<别名>])

功能：用于返回为给定的工作区中打开的表所指定的关系表达式。

(50) SEEK()函数

格式：SEEK(<索引关键字表达式>[, <工作区号>/<别名>][, <索引编号>/<.IDX 索引文件名>/<标识名>])

功能：用于在一个已建立索引的表中搜索索引关键字与指定表达式相匹配的第一个

记录。

(51) SELECT()函数

格式：SELECT([0/1/<别名>])

功能：用于返回当前工作区编号或未使用工作区的最大编号。

(52) SETFLDSTATE()函数

格式：SETFLDSTATE(<字段名>/<字段编号>, <数值表达式>[, <工作区号>/<别名>])

功能：用于为表中的字段或记录指定字段状态值或删除状态值。

(53) SQLCANCEL()函数

格式：SQLCANCEL(<连接句柄>)

功能：用于请求取消一条正在执行的 SQL 语句。

(54) SQLCOLUMNS()函数

格式：SQLCOLUMNS(<连接句柄>, <表名>[, FOXPRO/NATIVE][, <临时表名>])

功能：用于把指定数据源表的列名和关于每列的信息存储到一个 Visual FoxPro 临时表中。

(55) SQLCOMMIT()函数

格式：SQLCOMMIT(<连接句柄>)

功能：用于提交一个事务。

(56) SQLCONNECT()函数

格式：SQLCONNECT([<数据源名>, <用户 ID>, <密码>/<连接名>])

功能：用于建立一个指向数据源的连接。

(57) SQLDISCONNECT()函数

格式：SQLDISCONNECT(<连接句柄>)

功能：用于终止与数据源的连接。

(58) SQLEXEC()函数

格式：SQLEXEC(<连接句柄>, <SQL 语句>[, <临时表名>])

功能：用于将一条 SQL 语句送入数据源中处理。

(59) SQLGETPROP()函数

格式：SQLGETPROP(<连接句柄>, <设置类型名>)

功能：用于返回一个活动连接的当前设置或默认设置。

(60) SQLMORERESULTS()函数

格式：SQLMORERESULTS(<连接句柄>)

功能：如存在多个结果集合，则将另一个结果集合复制到 Visual FoxPro 的临时表中。

(61) SQLPREPARE()函数

格式：SQLPREPARE(<连接句柄>, <SQL 语句>[, <临时表名>])

功能：在使用 SQLEXEC()函数执行远程数据操作前，可使用本函数使远程数据为将要执行的命令做好准备。

(62) SQLROLLBACK()函数

格式：SQLROLLBACK(<连接句柄>)

功能：用于取消当前事务处理期间所做的任何更改。

(63) SQLSETPROP()函数

格式：SQLSETPROP(<连接句柄>, <设置类型名>[, <表达式>])

功能：用于指定一个活动连接的设置。

B.6　SYS()函数

Visual FoxPro 的 SYS()函数可返回字符型值，包含有用的系统信息。下面加以介绍。

(1)　SYS(0)

功能：当在网络环境中使用 Visual FoxPro 时，返回网络机器信息。

(2)　SYS(1)

功能：以忽略日期字符串的形式返回当前系统日期。

(3)　SYS(2)

功能：用于返回自午夜零点开始后的时间，按秒计算。

(4)　SYS(3)

功能：用于返回一个合法文件名，可用来创建临时文件。

(5)　SYS(5)

功能：用于返回当前 Visual FoxPro 的默认驱动器。

(6)　SYS(6)

功能：用于返回当前打印设备。

(7)　SYS(7[, <工作区号>])

功能：用于返回当前格式文件名称。

(8)　SYS(9)

功能：用于返回 Visual FoxPro 的系列号。

(9)　SYS(12)

功能：用于返回 640KB 以下、可用于执行外部程序的内存字节数。

(10) SYS(13)

功能：用于返回打印机的状态。

(11) SYS(14, <索引编号>[, <工作区号>/<别名>])

功能：用于返回一个打开的、单项索引文件的索引表达式，或者返回复合索引文件中索引标识的索引表达式。

(12) SYS(16[, <数值表达式>])

功能：用于返回正在执行的程序文件名。

(13) SYS(17)

功能：用于返回正在使用的中央处理器。

(14) SYS(21)

功能：对当前所选工作区中的主控.CDX 复合索引标识或.IDX 单项索引文件，以字符串形式返回其索引位置编号。

(15) SYS(22)

功能：返回表的主控.CDX 复合索引标识或.IDX 单项索引文件的名称。

(16) SYS(100)

功能：用于返回当前 SET CONSOLE 的设置。

(17) SYS(101)

功能：用于返回当前 SET DEVICE 的设置。

(18) SYS(102)

功能：用于返回当前 SET PRINTER 的设置。

(19) SYS(103)

功能：用于返回当前 SET TALK 的设置。

(20) SYS(1001)

功能：返回 Visual FoxPro 内存管理器可用的内存总数。

(21) SYS(1016)

功能：用于返回用户自定义对象所使用的内存数量。

(22) SYS(1023)

功能：用于启用诊断帮助模式，获取传递给 Visual FoxPro 帮助系统的 HelpContextID 值。

(23) SYS(1024)

功能：用于终止 SYS(1023)所启用的诊断帮助模式。

(24) SYS(1037)

功能：用于显示"页面设置"对话框。

(25) SYS(1269, <对象名>, <属性名>, <属性状态>)

功能：用于确定某对象的指定属性的默认值是否更改或是否为只读。若默认值被更改或为只读，则返回"真"(.T.); 否则，返回"假"(.F.)。

(26) SYS(1270[, <横坐标值, 纵坐标值>])

功能：用于返回对指定位置对象的引用。

(27) SYS(1271, <对象名>)

功能：返回.SCX 文件名、此文件存储指定的实例对象。

(28) SYS(1272, <对象名>)

功能：用于返回指定对象的对象层次。

(29) SYS(1500, <系统菜单项名>, <菜单名>/<子菜单名>)

功能：用于激活一个 Visual FoxPro 系统菜单项。

(30) SYS(2000, <文件名梗概>[, 1/2])

功能：用于返回与文件名梗概匹配的第一个或下一个文件名。

(31) SYS(2001, <SET 命令名>[, 1/2])

功能：用于返回指定的 SET 命令的状态。

(32) SYS(2002[, 1])

功能：用于打开或关闭插入点。

(33) SYS(2003)

功能：返回默认驱动器或卷上的当前目录或文件夹的名称。

(34) SYS(2004)

功能：用于返回启动 Visual FoxPro 的目录或文件夹名称。

(35) SYS(2005)

功能：用于返回当前 Visual FoxPro 资源文件的名称。

(36) SYS(2006)

功能：用于返回所使用的图形适配卡和显示器的类型。

(37) SYS(2007, <字符表达式>)

功能：用于返回指定字符表达式的求和值。

(38) SYS(2010)

功能：用于返回 CONFIG.SYS 文件中的设置。

(39) SYS(2011)

功能：用于返回当前工作区中记录锁定或表锁定的状态。

(40) SYS(2012[, <工作区号>/<别名>])

功能：用于返回表的备注字段块大小。

(41) SYS(2013)

功能：用于返回以空格分隔的字符串，此字符串包含 Visual FoxPro 菜单的内部名称。

(42) SYS(2014, <文件名>[, <路径名>])

功能：用于返回指定文件，它相当于当前目录、指定目录或文件夹的最小路径。

(43) SYS(2015)

功能：用于返回一个 10 个字符的唯一过程名，该过程名以下划线开头，后接字母和数字的组合。

(44) SYS(2019)

功能：用于返回 Visual FoxPro 配置文件的文件名和位置。

(45) SYS(2021, <索引编号>[, <工作区号>/<别名>])

功能：用于返回打开的单项索引文件(.IDX)的筛选表达式或复合索引文件(.CDX)中索引标识的筛选表达式。

(46) SYS(2022[, <盘符>])

功能：以字节为单位返回指定磁盘块的大小。

(47) SYS(2023)

功能：返回 Visual FoxPro 存储临时文件的驱动器和目录。

(48) SYS(2334)

功能：用于返回一个值，表明如何激活一个 Visual FoxPro 自动服务程序，或者是否运行一个独立的可执行文件(.EXE)。

(49) SYS(2335)

功能：用于启用或废止可发布的 Visual FoxPro 的.EXE 自动服务程序的模式状态。

(50) SYS(3004)

功能：用于返回自动化和 ActiveX 控件使用的环境 ID 值。

(51) SYS(3005, <环境 ID 值>)

功能：用于设置自动化和 ActiveX 控件使用的环境 ID 值。

(52) SYS(3050, <1/2>[, <缓冲区大小>])

功能：用于设置前台或后台缓冲区内存大小。

(53) SYS(3051[, <数值表达式>])

功能：用于指定在一次锁定尝试失败之后，再次尝试锁定记录表、备注或索引文件之前，Visual FoxPro 等待的毫秒时间值。

(54) SYS(3052, 1/2, [.T./.F.j]

功能：指定当尝试锁定一个索引或备注文件时，VFP 是否使用 SET REPROCESS 设置。

(55) SYS(3053)

功能：用于返回 ODBC 环境句柄。

(56) SYS(3054, 0/1/11)

功能：用于允许或禁止显示查询的 RushMore 优化级别。

(57) SYS(3056)

功能：用于读取注册表设置。

(58) SYS(4204[, 0/1])

功能：用于在 Visual FoxPro 的调试程序中，启用或废止对 Active Documents 的调试支持。

(59) SYSMETRIC(<屏幕元素类型>)

功能：用于返回操作系统屏幕元素的大小。

B.7　文件管理函数

(1)　ADDBS()函数

格式：ADDBS(<路径名>)

功能：用于向一个路径表达式添加一个反斜杠。

(2)　CURDLE()函数

格式：CURDIE([<字符串表达式>])

功能：用于返回当前目录。

(3)　DEFAULTTEXT()函数

格式：DEFAULTTEXT(<文件名>, <扩展名>)

功能：如一个文件没有扩展名，则返回一个带新扩展名的文件名。

(4)　DIRECTORY()函数

格式：DIRECTORY(<路径名>)

功能：若在磁盘上存在指定的目录，则返回“真”(.T.)。

(5)　DISKSPACE()函数

格式：DISKSPACE([<驱动器名>/<卷名>])

功能：用于返回指定或默认磁盘驱动器或卷上可用的字节数。

(6)　FCHSIZE()函数

格式：FCHSIZE(<文件句柄>, <新的文件大小>)

功能：用于更改用低级文件函数所打开文件的大小。

(7) FCLOSE()函数

格式：FCLOSE(<文件句柄>)

功能：用于刷新并关闭用低级文件函数打开的文件或通信端口。

(8) FCREATE()函数

格式：FCREATE(<文件名>[, <文件属性>])

功能：用于创建并打开低级文件。

(9) FEOF()函数

格式：FEOF(<文件句柄>)

功能：用于判断文件指针的位置是否在文件尾部。

(10) FERROR()函数

格式：FERROR()

功能：用于返回与最近一次低级文件函数错误相对应的错误号。

(11) FFLUSH()函数

格式：FFLUSH(<文件句柄>)

功能：用于刷新低级函数打开的文件内容，并将它写入磁盘。

(12) FGETS()函数

格式：FGETS(<文件句柄对>[, <字节数>])

功能：用于从低级文件函数打开的文件中返回一系列字节，直至遇到回车符。

(13) FILE()函数

格式：FILE(<文件名>)

功能：如在磁盘上找到指定的文件，则返回"真"(.T.)。

(14) FILETOSTR()函数

格式：FILETOSTR(<文件名>)

功能：用于将一个文件的内容返回为一个字符串。

(15) FOPEN()函数

格式：FOPEN(<文件名>[, <读写权限>/<缓冲方案>])

功能：用于打开文件，供低级文件函数使用。

(16) FORCEEXT()函数

格式：FORCEEXT(<文件名>, <新扩展名>)

功能：用于返回一个字符串，使用新的扩展名替换旧的扩展名。

(17) FORCEPATH()函数

格式：FORCEPATH(<文件名>, <路径名>)

功能：用于返回一个文件名，使用新路径名代替旧的路径名。

(18) FPUTS()函数

格式：FPUTS(<文件句柄>, <字符表达式>[, <字符数目>])

功能：用于向低级文件函数打开的文件或通信端口写入字符串、回车符及换行符。

(19) FREAD()函数

格式：FREAD(<文件句柄>, <字节数>)

功能：用于从低级文件函数打开的文件中返回指定数目的字节。

(20) FSEEK()函数

格式：FSEEK(<文件句柄>, <数值表达式>[, 0/1/2])

功能：用于在低级文件函数打开的文件中移动文件指针。

(21) FSIZE()函数

格式：FSIZE(<字段名>[, 工作区号>/<别名>/<字段名>])

功能：用于以字节为单位，返回指定字段或文件的大小。

(22) FTIME()函数

格式：FTIME(<文件名>)

功能：用于返回最近一次修改文件的时间。

(23) FULLPATH()函数

格式：FULLPATH(<文件名 1>[, <路径名>/<文件名 2>])

功能：用于返回指定文件的路径或相对于另一文件的路径。

(24) FWRITE()函数

格式：FWRITE(<文件句柄>, <字符表达式>[, <数值表达式>])

功能：用于向低级文件函数打开的文件写入字符串。

(25) GETDIR()函数

格式：GETDIR([<目录名>[, <目录列表文本>]])

功能：用于显示"选择目录"对话框，从中可选择目录或文件夹。

(26) GETFILE()函数

格式：GETFILE([<文件扩展名>][, <目录列表文本>][, <"确定"按钮的标题>][, <按钮的类型>][, <标题栏的标题>])

功能：用于显示"打开"对话框，并返回选定文件的名称。

(27) GETPICT()函数

格式：GETPICT([<文件扩展名>][, <"文件名"文本框标题>][, <"确定"按钮的标题>])

功能：用于显示"打开"对话框，并返回选定图片文件的名称。

(28) JUSTDRIVE()函数

格式：JUSTDRIVE(<完整路径名>)

功能：用于从完整路径名中返回驱动器的字母。

(29) JUSTEXT()函数

格式：JUSTEXT(<完整路径名>)

功能：用于从完整路径名中返回 3 个字母的扩展名。

(30) JUSTFNAME()函数

格式：JUSTFNAME(<包含完整路径的文件名称>)

功能：用于返回完整路径中的文件名部分。

(31) JUSTPATH()函数

格式：JUSTPATH(<包含完整路径的文件名称>)

功能：用于返回完整路径中的路径名。

(32) JUSTSTEM()函数

格式：JUSTSTEM(<包含完整路径的文件名称>)

功能：用于返回完整路径中的根名(扩展名前的文件名)。

(33) LOCFILE()函数

格式：LOCFILE(<文件名>[, <文件扩展名>][, <"文件名"文本框的标题>])

功能：用于在磁盘上定位文件，并返回带有路径的文件名。

(34) PUTFILE()函数

格式：PUTFILE([<"另存为"对话框的标题>][, <文本框中的默认文件名>][, <文件扩展名>])

功能：用于激活"另存为..."对话框，并返回指定的文件名。

(35) STRTOFILE()函数

格式：STRTOFILE(<字符串表达式>, <文件名>[, .T./.F.])

功能：用于将一个字符串的内容写入一个指定文件。

B.8 网 络 函 数

(1) ANETRESOURCES()函数

格式：ANETRESOURCES(<数组名>, <网络名>, <网络资源类型>)

功能：用于将网络共享或打印机的名称放到一个数组中，然后返回资源的数目。

(2) LOCK()函数

格式：LOCK([<工作区号>/<别名>]/[<记录号列表>, <工作区号>/<别名>])

功能：尝试锁定表中一个或更多的记录。

(3) ISFLOCKED()函数

格式：ISFLOCKED([<工作区号>/<别名>])

功能：用于返回表的锁定状态。

(4) ISRLOCKED()函数

格式：ISRLOCKED([<记录号>[, <工作区号>/<别名>]])

功能：用于返回记录的锁定状态。

(5) OLDVAL()函数

格式：OLDVAL(<字段表达式>[, <工作区号>/<别名>])

功能：用于返回字段的初始值，该字段值已被修改，但还未更新。

(6) REQUERY()函数

格式：REQUERY([<工作区号>/<别名>])

功能：用于为远程 SQL 视图再次检索数据。

(7) RLOCK()函数

格式：RLOCK([<工作区号>/<别名>]/[<记录号列表>, <工作区号>/<别名>])

功能：用于尝试给一个或多个表记录加锁。

(8) TABLEREVERT()函数

格式：TABLEREVERT([.T./.F.][, <工作区号>/<别名>])

功能：用于放弃对缓冲行、缓冲表或临时表的修改，并且恢复远程临时表的 OLDVAL()数据以及本地表和临时表的当前磁盘数值。

(9) TABLEUPDATE()函数

格式：TABLEUPDATE([0/1/2][, .T./.F.][, <工作区号>/<别名>][, <数组名>])

功能：用于执行对缓冲行、缓冲表或临时表的修改。

(10) TXNLEVEL()函数

格式：TXNLEVEL()

功能：用于返回一个表当前事务级别的数值。

B.9　与打印有关的函数

(1) APRINTERS()函数

格式：APRINTERS(<数组名>)

功能：将安装在 Windows 打印管理器中的打印机名称存入内存变量数组中。

(2) GETPRINTER()函数

格式：GETPRINTER()

功能：用于显示 Windows 的"打印设置"对话框，并返回所选择的打印机名称。

(3) PCOL()函数

格式：PCOL()

功能：用于返回打印机的打印头的当前列位置。

(4) PRINTSTATUS()函数

格式：PRINTSTATUS()

功能：用于检查打印机或打印设备是否已联机。如果已联机，则返回"真"(.T.)；否则，返回"假"(.F.)。

(5) PROW()函数

格式：PROW()

功能：用于返回打印机打印头的当前行位置。

(6) PRINTFO()函数

格式：PRINTFO(<设置类型数值表达式>[, <打印机名>])

功能：用于返回当前的打印机设置。

B.10　程序管理函数

(1) ACLASS()函数

格式：ACLASS(<数组名>, <对象表达式>)

功能：用于将一个对象的类名和祖先类名存入一个内存变量数组中。

(2) AGETCLASS()函数

格式：AGETCLASS(<数组名>[, <类库名>[, <类名称>[, <标题字符串> [, <提示字符串

>[, <"确定"按钮标题]]]]])

功能：用于在"打开"对话框中显示类库，并创建一个包含该类库和所选类名称的数组。

(3) AGETFILEVERSION()函数

格式：AGETFILEVERSION(<数组名>, <文件名>)

功能：用于创建一个数组，此数组包含有关文件的 Windows 版本资源的信息。

(4) AINSTANCE()函数

格式：AINSTANCE(<数组名>, <类名>)

功能：用于将一个类的实例存入内存变量数组中，并且返回数组中存放的实例个数。

(5) AMEMBERS()函数

格式：AMEMBERS(<数组名>, <对象名>/<类名>[, 1/2])

功能：用于将一个对象的属性名、过程名和成员对象存入内存变量数组。

(6) ASELOBJ()函数

格式：ASELOBJ(<数组名>[, <1/2])

功能：用于将活动的表单设计器中当前选定的对象引用存入内存变量数组中。

(7) AVCXCLASSES()函数

格式：AVCXCLASSES(<数组名>[, 1/2])

功能：用于将一个类库中类的信息放在一个数组中。

(8) COMARRAY()函数

格式：COMARRAY(<对象引用>[, <传递方式>])

功能：用于指定如何向 COM 对象传递数组。

(9) COMCLASSINFO()函数

格式：COMCLASSINFO(<对象引用>[, <信息类型>])

功能：用于返回一个 COM 对象的注册信息。

(10) COMPOBJ()函数

格式：COMPOBJ(<对象表达式 1>, <对象表达式 2>)

功能：用于比较两个对象的属性。若两者的属性和属性值相同，则返回"真"(.T.)。

(11) CREATEOBJECT()函数

格式：CREATEOBJECT(<类名>[, <参数列表>])

功能：用于从类定义或可用 OLE 应用程序中创建对象。

(12) CREATEOBJECTEX()函数

格式：CREATEOBJECTEX(<类 ID 号>/<程序 ID 号>, <计算机名>)

功能：用于在一个远程计算机上创建一个已注册 COM 对象的一个实例。

(13) DODEFAULT()函数

格式：DODEFAULT([<参数列表>])

功能：用于在子类(派生类)中，执行父类的同名事件或方法程序。

(14) ERROR()函数

格式：ERROR()

功能：用于返回触发 ON ERROR 例程的错误编号。

(15) GETOBJECT()函数

格式：GETOBJECT([<文件名>[, <类名>]])

功能：用于激活 OLE 自动化对象，并创建此对象的引用。

(16) GETPEM()函数

格式：GETPEM(<对象名>/<类名>, <属性名>/<事件名>/<方法名>)

功能：用于返回指定对象的属性值或其事件、方法的程序代码。

(17) LINENO()函数

格式：LINENO([1])

功能：用于返回程序中正在执行的那一行的行号。

(18) MESSAGE()

格式：MESSAGE([1])

功能：以字符串形式返回当前错误信息，或返回导致这个错误的程序行内容。

(19) MESSAGEBOX()

格式：MESSAGEBOX(<字符表达式>[, <数值表达式>[, <字符表达式 2>]])

功能：用于显示一个用户自定义对话框。

(20) NEWOBJECT()函数

格式：NEWOBJECT(<类名>[, <类库名或程序名对>[, <程序名>[, <参数列表>]]])

功能：用于直接从一个.VCX 可视类库或程序中创建一个新类或对象。

(21) OBJTOCLIENT()函数

格式：OBJTOCLIENT(<对象名>, 1/2/3/4)

功能：用于返回一个控件或对象相对于表单的位置或尺寸。

(22) OLERETURNERROR()函数

格式：OLERETURNERROR(<异常源文本>, <异常说明文本>)

功能：使用信息填充 OLE 异常结构，OLE 程序可利用这些信息确定 OLE 自动服务错误的来源。

(23) ON()函数

格式：ON(<事件处理命令名>[, <键标记名称>])

功能：用于返回事件处理命令 ON ERROR、ON ESCAPE、ON KEYlabel、ON KEY、ON PAGE 或 ON READERROR 指定的命令。

(24) PARAMETERS()函数

格式：PARAMETERS()

功能：用于返回传递给最近调用的程序、过程或用户自定义函数的参数个数。

(25) PCOUNT()函数

格式：PCOUNT()

功能：用于返回传递给当前程序、过程或用户自定义函数的参数个数。

(26) PEMSTATUS()函数

格式：PEMSTATUS(<对象名>/<类名>, <属性名>/<事件名>/<方法名>/<对象名>, <状态值>)

功能：用于返回一个属性、事件、方法程序或对象的状态。

(27) PROGRAM()函数

格式：PROGRAM([<数值表达式>])

功能：用于返回当前正在执行的程序名称、当前的程序级别，或错误发生时执行的程序名称。

(28) SET()函数

格式：SET(<SET 命令名>[, 1/<字符表达式>/2/3])

功能：用于返回各种 SET 命令的状态。

B.11 内存变量处理函数

(1) ACOPY()函数

格式：ACOPY(<源数组名>, <目的数组名>[, <数值表达式 1>[, <数值表达式 2>[, <数值表达式 3>]]])

功能：用于将源数组中的指定元素一对一地复制到目标数组中，源数组中的元素将替换目标数组中的元素。

(2) ADEL()函数

格式：ADEL(<数组名>, <设置表达式>[, 2])

功能：用于从一个数组中删除一个、一行或一列元素。

(3) AELEMENT()函数

格式：AELEMENT(<数组名>, <行下标>[, <列下标>])

功能：用于由元素下标返回数组元素的编号。

(4) AERROR()函数

格式：AERROR(<数组名>)

功能：用于创建一个数组，包含最近的 Visual FoxPro、OLE 或 ODBC 的错误信息。

(5) AINS()函数

格式：AINS(<数组名>, <数值表达式>[, 2])

功能：用于向一维数组中插入一个元素，或者向二维数组中插入一行或一列元素。

(6) ALEN()函数

格式：ALEN(<数组名>[, 0/1/2])

功能：用于返回数组中元素、行或列的数目。

(7) ASCAN()函数

格式：ASCAN(<数组名>, <搜索表达式>[, <开始搜索元素号>[, <欲搜索的元素数目>]])

功能：用于在数组中搜索与一个表达式具有相同数据和数据类型的元素。

(8) ASORT()函数

格式：ASORT(<数组名>[, <数值表达式 1>[, <数值表达式 2>[, 0/1]]])

功能：用于按升序或降序对数组中的元素排序。

(9) ASUBSCRIPT()函数

格式：ASUBSCRIPT(<数组名>, <元素编号>, 1/2)

功能：用于根据元素编号返回元素的行、列下标。

(10) MEMORY()函数

格式：MEMORY()

功能：用于返回可供外部程序运行的内存大小。

B.12　DDE 函数

(1)　DDEAbortTrans()函数

格式：DDEAbortTrans(<事务编号>)

功能：用于结束一次异步动态数据交换处理。

(2)　DDEAdvise()函数

格式：DDEAdvise(<通道号>, <项名>, <用户自定义函数名>, <链接类型>)

功能：用于创建一个报告或自动链接，用来进行动态数据交换。

(3)　DDEEnabled()函数

格式：DDEEnabled([<逻辑表达式>/<通道号>[, .T./.F.]])

功能：启用或废止动态数据交换处理，或返回 DDE 处理状态。

(4)　DDEExecute()函数

格式：DDEExecute(<通道号>, <命令>[, <用户自定义函数名>])

功能：用于使用动态数据交换(DDE)向另一个应用程序发送命令。

(5)　DDEInitiate()函数

格式：DDEInitiate(<服务程序名称>, <主题名>)

功能：在 Visual FoxPro 和另一个 Microsoft Windows 应用程序之间建立一个动态数据交换(DDE)通道。

(6)　DDELastError()函数

格式：DDELastError()

功能：用于返回最近一个动态数据交换(DDE)函数的错误号。

(7)　DDEPoke()函数

格式：DDEPoke(<通道号>, <接收数据的项名>, <发送数据>[, <数据格式>[, <用户自定义函数名>]])

功能：在动态数据交换(DDE)会话中，在客户和服务程序之间传送数据。

(8)　DDERequest()函数

格式：DDERequest(<通道号>, <接收数据的项名>[, <数据格式>[, <用户自定义函数名>]])

功能：用于在动态数据交换(DDE)会话中，向一个服务程序请求数据。

(9)　DDESetoption()函数

格式：DDESetoption(<设置选项>[, <超时值>/.T./.F.])

功能：用于更改或返回动态数据交换(DDE)的设置。

(10) DDESetservice()函数

格式：DDESetservice(<服务名>, <选项>[, <数据格式>/.T./.F.])

功能：用于创建、释放或更新 DDE 服务名和设置。

(11) DDESetTopic()函数

格式：DDESetTopic(<服务名>, <主题名>[, <用户自定义函数名>])

功能：用于在动态数据交换(DDE)会话中，创建或释放一个服务名的主题名。

(12) DDETerminate()函数

格式：DDETerminate(<通道号>/<别名>)

功能：用于关闭用 DDEInitiate()函数建立的动态数据交换(DDE)通道。

(13) REQUERY()函数

格式：REQUERY([<工作区号>/<别名>])

功能：用于为远程 SQL 视图再次检索数据。

(14) RLOCK()函数

格式：RLOCK([<工作区号>/<别名>]/[, <记录号列表>, <工作区号>/<别名>])

功能：用于尝试给一个或多个表记录加锁。

(15) TABLEREVERT()函数

格式：TABLEREVERT([.T./.F.][, <工作区号>/<别名>])

功能：用于放弃对缓冲行、缓冲表或临时表的修改，并且恢复远程临时表的 OLDVAL()数据以及本地表和临时表的当前磁盘数值。

(16) TABLEUPDATE()函数

格式：TABLEUPDATE([0/1/2][, .T./.F.][, <工作区号>/<别名>][, <数组名>])

功能：用于执行对缓冲行、缓冲表或临时表的修改。

B.13 其 他 函 数

(1) AFONT()函数

格式：AFONT(<数组名>[, <字体名>[, <字体大小>]])

功能：用于将可用字体的信息存放到一个数组中。

(2) COL()函数

格式：COL()

功能：用于返回光标当前所在的列号。

(3) FONTMETRIC()函数

格式：FONTMETRIC(<字体属性>[, <字体名>, <字体大小>][, <字形>]])

功能：用于返回当前操作系统已安装字体的字体属性。

(4) GETFONT()函数

格式：GETFONT(<字体名>[, <字体大小>][, <字形>]])

功能：用于显示"字体"对话框，并返回所选字体的名称。

(5) IIF()函数

格式：IIF(<逻辑表达式>, <表达式 1>, <表达式 2>)

功能：如果逻辑表达式的值为"真"(.T.)，则返回<表达式 1>的值；否则，返回<表达式 2>的值。

(6)　ISNULL()函数

格式：ISNULL(<表达式>)

功能：如<表达式>的计算结果为 NULL，则返回"真"(.T.)；否则返回"假"(.F.)。

(7)　LOADPICTURE()函数

格式：LOADPICTURE([<文件名>])

功能：为位图文件、图标文件或 Windows 图元文件(Meta File)创建一个对象。

(8)　RGB()函数

格式：RGB(<红颜色值>, <绿颜色值>, <蓝颜色值>)

功能：用于根据一组红、绿、蓝颜色成分返回一个单一的颜色值。

(9)　RGBSCHEME()函数

格式：RGBSCHEME(<配色方案编号>[, <颜色对位置>])

功能：用于返回指定配色方案中的 RGB 颜色对或 RGB 颜色对列表。

(10) SAVEPICTURE()函数

格式：SAVEPICTURE(<图片对象>, <文件名>)

功能：用于由一个图片的对象创建一个位图文件(.BMP)。

(11) SCHEME()函数

格式：SCHEME(<配色方案编号>[, <颜色对位置>])

功能：返回指定配色方案中的颜色对列表或单个颜色对。

附录 C VF 等级考试模拟软件(公益版)简介

C.1 概　　述

该软件是由全国计算机等级考试网(WWW.NCRE.CN)研制的 Visual FoxPro 国家二级考试(机试)全真模拟系统。该软件的使用方法和操作界面与国家 VF 二级考试系统几乎完全相同，提供练习的题目类型也完全相同，因此对于计划参加国家 VF 等级考试的读者具有重要的实用价值。对于一般读者熟练掌握 VF 的操作亦具有一定的参考价值。

该软件系统可以从全国计算机等级考试网(WWW.NCRE.CN)站下载(免费)，文件名是FREE2VFP.EXE。下载后，双击该文件的图标，即可自动安装。安装后自动在桌面上生成快捷方式，此时读者就可以使用它进行模拟练习了。

C.2 等级考试模拟系统的题目类型

该软件共提供了 10 套模拟试题，基本覆盖了 VF 计算机上机考试的各种题目类型。读者可以有针对性地进行练习。

与国家二级 VF 上机考试一样，每套试题都分三种题型，即基本操作题、简单应用题和综合应用题。

(1) 基本操作题

基本操作题又包括 4 道小题(前两小题 7 分，后两小题 8 分，共 30 分)，主要测试项目、数据库、表、索引等基础文件的创建、修改，建立表之间的联系、编辑参照完整性、设置字段有效性规则，以及用 SQL 语句对表进行插入、更新删除等基本操作。表 C.1 是10 套模拟试题基本操作题的详细内容。

表 C.1　模拟试题基本操作题的详细内容

套　号	第 1 题	第 2 题	第 3 题	第 4 题
1	建立项目	建立数据库	库添加表	建立索引
2	建立项目	添加数据库	修改表结构	设置字段默认值
3	建立主索引	建立普通索引	建立参照完整性	逻辑删除记录
4	库添加表	建立表结构	建立普通索引	表的永久联系
5	建立项目/建库	库添加表	建立表输入记录	建立主索引
6	修改表的结构	字段有效性规则	替换原来字段	建立表的联系
7	建立简单菜单	更新字段	库中移出表	排序，产生新表
8	建库/添加表	建立主索引	建立普通索引	建立表的联系
9	SQL 复制表	SQL 插入记录	SQL 更新记录	SQL 删除记录
10	SQL SELECT	SQL Update	用向导建立报表	修改报表文件

(2) 简单应用题

每套试题的简单应用题又包括两道小题(每题 20 分，共 40 分)，主要测试用向导或设计器创建视图、查询、报表、菜单、表单以及使用 SQL 进行查询，还包括对简单程序检查，更正错误等。简单应用题一般不要求编写比较复杂的代码。表 C.2 是 10 套模拟试题简单应用题的详细内容。

表 C.2   简单应用题的详细内容

套　号	第 1 题	第 2 题
1	根据两个表建立查询	建立表单，有两个按钮
2	用表单向导建立一对多表单	建立本地视图，运行视图，将结果存入表
3	用 SQL 语句查询	用报表向导建立报表
4	向表追加记录/用 SQL 语句查询	修改程序中的三条 SQL 语句错误
5	用 SQL 语句查询并保存结果	用表单向导创建表单
6	修改表单数据环境、标题、代码	建立菜单程序
7	SQL 语句查询，结果保存到表中	SQL 语句查询，结果保存到表中
8	修改已有表单	设计表单，完成简单操作
9	建立查询	修改程序错误
10	设计时钟表单	用查询设计器设计查询

(3) 综合应用题

综合应用题检测对 VF 数据库的综合应用能力，每套 1 题(30 分)。一般都是通过设计一个菜单或表单程序，并要求编写一定难度的程序代码，完成题目要求的任务。表 C.3 是 10 套模拟试题综合应用题的详细内容。

表 C.3   综合应用题的详细内容

套　号	内　容
1	建立菜单程序，进行股票计算
2	建立菜单程序，进行股票计算
3	建立菜单程序，进行工资计算
4	编写程序(.prg)完成指定的操作
5	定义视图，用报表向导设计报表(数据源为视图)，设计表单文件
6	①建立视图；②建立表单，表单有页框，分别用表格显示某表和视图
7	设计表单，进行统计查询
8	复制表的某些记录到新表，对新表记录的数据更新，查询并保存结果
9	建立表单，两个表格控件，分别显示两个表的记录，有关闭按钮
10	设计表单，两个页框和一个关闭按钮，页框分别显示表格数据

掌握了模拟试题的类型分布，读者就可以有针对性地选择题目进行练习，提高学习的

效率。本教程中已经将其中的若干题目分别在上机实验中作为"自选练习题"给出。

向读者推荐这个模拟考试软件的另外一个因素，是该软件提供了对每道题的分析解答，以及操作录像的视频文件，对读者有参考和启示作用。

需要指出，该软件提供的试题解答，有的题目可能还有其他正确答案(即答案不是唯一的)。同时，系统给出的个别题目答案也有错误，如第 6 套模拟试题的基本操作题第 3 小题，用 REPLACE 语句替换"雇员"表 EMAIL 字段，系统"演示录像"中给出的答案就有错误(但是在"试题解析"中给出的答案是正确的)；另外，如第 9 套模拟试题的综合应用题，系统给出的"演示录像"操作过程和"试题解析"都是错误的。

不过，这些问题并不影响整个系统的使用。

C.3　模拟考试登录

模拟考试软件的使用非常简单，只要双击桌面上该软件的图标，即可启动，进入它的登录界面，如图 C.1 所示。

图 C.1　模拟考试系统登录

如果读者是第一次使用该系统，则直接单击"考号验证"按钮，即可出现一个"登录提示"对话框，如果不是第一次使用，则需要在"密码"后面的文本框中输入小写的英文"new"(重新抽题)或"edu"(使用上次考题及考试时间)，再单击"考号验证"按钮。

登录提示对话窗口如图 C.2 所示。

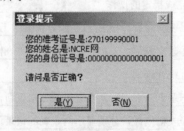

图 C.2　"登录提示"对话框

由于是模拟考试，并非正式的，因此系统给出统一的准考证号"270199990001"，考生姓名为"NCRE 网"。

　　读者只需单击"是"按钮，即可进入"考试须知"界面，如图 C.3 所示。

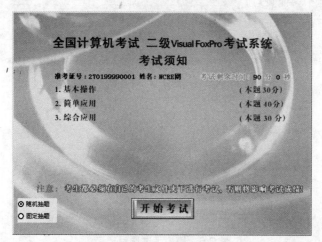

图 C.3　考试须知界面

　　在本操作界面中，读者可以选择练习的方式，即"随机抽题"或"固定抽题"。如果读者选择"随机抽题"，系统则自动从 10 套考题中随机抽取 1 套，单击"开始考试"按钮，即开始进入考试界面。

　　一般来说，如果读者到了考试前的最后阶段，需要检测自己的上机操作和编程能力，可以选择"随机抽题"，在学习阶段，最好选择"固定抽题"，有目的地选择套号，进行有针对性的模拟练习。

　　如果读者选择"固定抽题"，单击"开始考试"按钮，系统则弹出一个对话框，如图 C.4 所示。

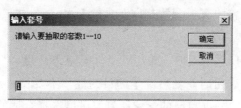

图 C.4　"输入套号"对话框

　　此时，可以根据前面几个表中列出的各套模拟试题的题目内容，有目的地输入一个套号(1~10)，假定我们选择第一套试题。输入 1，单击"确定"按钮，则进入模拟考试界面。系统的显示分为两个窗口，上面的窗口是考试题头信息窗口，它一直出现在桌面的最上端，且不会被其他窗口覆盖，也不能被移动。该窗口显示考生的准考证号、姓名，显示考试还剩余的时间，以及一个交卷按钮，单击该按钮即可交卷，如图 C.5 所示。

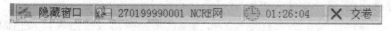

图 C.5　考试题头窗口

　　另外一个窗口是试卷窗口，显示模拟考试的题目，如图 C.6 所示。

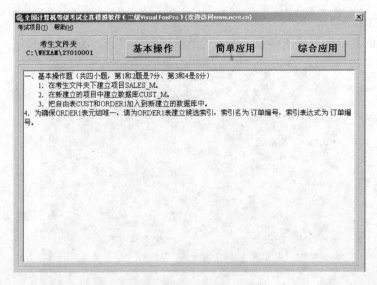

图 C.6　模拟考试题目窗口

在该窗口上方,有一个菜单,包括"考试项目"和"帮助"两个主菜单项。其中"考试项目"可以启动 Visual FoxPro 系统,"帮助"提供一些帮助信息。

在菜单下面显示"考生文件夹",考生必须把该文件夹设置为当前文件夹,并将所操作题目的结果存放到该文件夹中才有效,否则将得不到考试成绩。

在考试窗口中有 3 个可以选择题目的按钮。开始时自动显示"基本操作"考题,单击"简单应用"按钮,则会显示"简单应用"考题,单击"综合应用"按钮,则会显示"综合应用"考题。考生可以任意地在它们之间转换。

C.4　模拟练习注意事项

在利用模拟软件进行操作练习时,希望读者注意以下几点。

(1) 在选择考试模拟题目时,要有一定的目的性,不要盲目。最好参考前面表格中提供的各套题目的详细内容,根据自己的学习或复习进度选择合适的套数。

(2) 为提高练习效率,不一定每次都要做完整套的所有题目,只需把自己想要练习的题目完成即可。

(3) 启动 Visual FoxPro 后,应该立即将考生目录设置为当前目录(默认目录),需要在命令窗口输入以下命令:

```
SET DEFAULT TO C:\WEXAM\27010001
```

然后再做练习题(这一步至关重要)。

(4) 为方便在启动 VF 后进行操作,应该保持考试题目窗口和 VF 窗口同时显示在屏幕上。因此不要把 VF 窗口最大化。最好将两个窗口排列为上下两部分,如图 C.7 所示。

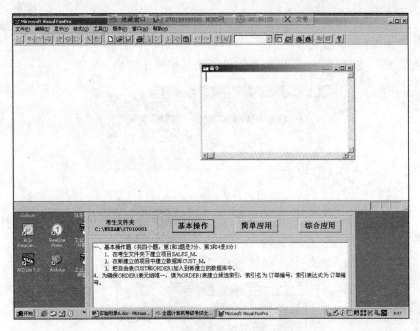

图 C.7 两个窗口上下排列

其中上面的窗口是 VF 窗口，可以进行各种文件的建立、修改、运行等，下面的窗口中可以同时看到考试题目，非常方便。

两个窗口同时显示，可避免在两个窗口之间的频繁转换，耽误时间。

(5) 一定要按照题目要求的文件名存盘，一个字母也不能差。这是初学者容易犯的错误。有的读者(考生)往往忽略文件名的重要性，这是非常严重的问题。因为考试系统在回收试卷和评分时，首先要根据文件名查找文件，如果文件名错误，系统找不到文件，就认为没有完成，将按 0 分计算。

(6) 在练习的过程中，如果某题不完全会做，或没有把握，也不能放弃，仍然应该按要求的文件名存盘(哪怕只完成部分)，因为这样也可能得到部分分数。而不存盘只能是 0 分。在正式的考试中也应该如此，不要轻易放弃任何得分的机会。

C.5 交卷及查看答案

在完成练习并存盘后(最好同时退出 VF)，即可单击"交卷"按钮交卷。此时系统出现提示信息窗口，如图 C.8 所示。

图 C.8 保存文件提示窗口

这个窗口提示在交卷前一定要保存文件(最好同时退出 VF)，如果已经保存了文件并退

出了 VF，则可单击"确定"按钮，如果尚未保存文件，则需要单击"取消"按钮，先保存好文件并退出 VF 后再交卷。

单击"确定"按钮，系统又出现如图 C.9 所示的提示窗口。

图 C.9　提示信息

此窗口提示，交卷后不能再进行答题了。如果确认交卷，则单击"确定"按钮。若单击"取消"按钮，则还可以继续答题。

单击"确定"按钮，系统又出现如图 C.10 所示的提示窗口。

图 C.10　查看正确答案的提示信息

查看正确答案是模拟考试系统特有的功能。目的是帮助读者掌握每个题目的正确解题思路和解答方法。对于读者是很有益处的。单击"是"按钮，系统即可显示正确答案的窗口，如图 C.11 所示。

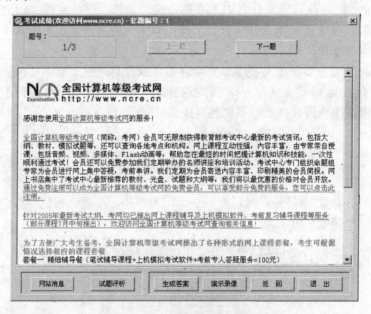

图 C.11　查看正确答案窗口

窗口显示的主要内容含义如下。

(1) 题号 1/3：共 3 大题，当前为第 1 题(基本操作题)。

(2) "上一题"、"下一题"按钮：可以转换题号。

(3) 编辑框：显示全国计算机等级考试网的有关信息。

(4) "网站消息"：如果您的计算机已经连接 Internet 网，则可以查看全国计算机等级考试网有关信息

(5) "试题评析"：单击此按钮，可显示当前题号的试题分析信息，如图 C.12 所示。

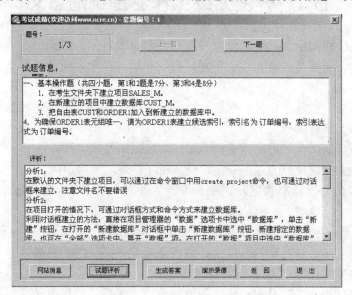

图 C.12　试题评析窗口

在本窗口中，上半部分显示题目，下半部分显示对题目的分析，并给出正确的答案。当然，有的题目正确答案不是唯一的，读者也可以自己进行分析，得到其他的正确答案。

单击"返回"按钮，则返回模拟考试窗口，可以重新进行该题目的练习。这个功能也是模拟系统特别设计的，可以使读者反复练习，加深印象，有利于掌握正确的操作方法。

(6) "演示录像"：单击此按钮，即可观看当前题目的操作视频录像。这对于初学者来说，是一种很直观的学习工具。

(7) "退出"：单击此按钮，可返回本软件的登录操作界面。

C.6　模拟考试系统的不足之处

这个等级考试系统提供了上机考试的考试环境和 10 套模拟试题，对参加等级考试具有很好的实际应用价值。但是，这个系统不能对试题进行自动评分，这是其不足之处。

附录 D VF 无纸化作业系统简介

D.1 开发无纸化作业系统的意义

子曰："温故而知新"、"学而时习之，不亦说乎？"。这些至理名言，充分说明了在教学过程中复习和练习的重要性。布置、收取和批改作业无疑是达到以上教学效果的重要手段。

但是，近年来，教师在布置、收取和批改作业时，却越来越感到尴尬和无奈。主要困惑是遇到以下棘手问题。

- 作业题目同质化严重，达不到全面复习和提高的教学目标。
- 学生独立完成作业的逐步减少，经常相互抄袭，影响学风。
- 教材提供习题标准答案，完成作业无需思考。布置、收取和批改作业成为"鸡肋"。

VF 是实践性很强的课程，传统的纸质作业无法满足新的形势和深化教学改革的需要。在充分总结多年教学经验的基础上，借鉴无纸化考试的思想和技术，开发了"基于局域网和校园网的 VF 无纸化作业管理系统"。

所谓"无纸化作业"就是摒弃传统的纸质作业，采用计算机电子文档的作业形式。改革使用笔书写作业的模式，直接在计算机上操作完成和提交作业。这个系统最基本的改革思想，是充分利用学校提供的上机课时和设备条件，采用在机房布置课堂作业，当场完成、当场上交、自动评分，即时查看答案和评分结果及作业错误。

应用无纸化作业系统，有以下几方面的优越性。

(1) 无纸化作业题目多样化，重点是操作性题目，是传统作业无法做到的。这种题目直接检测学生对 VF 的操作能力(建库建表、查询、报表、表单、菜单、程序设计等)，激发了学生上机练习的积极性。

(2) 系统具有一定规模的习题库，每个学生的作业都是在登录系统后随机抽取的，所以各人的作业题目不会完全相同。排除了相互抄袭的可能性。要求每个学生都独立思考，亲自操作完成。

(3) 作业是开放性的，学生们在完成作业时可以查看资料(教材)、相互讨论、请教老师等，因此也是一次学习和提高的过程。虽然系统规定了完成作业的时间，但不是强制性的，目的是希望学生养成良好的时间观念。超过时间并不强迫收取作业，但是超时在评分时要适当扣减得分，以示警戒。

(4) 作业是分阶段布置的，本系统安排了 4 次课堂作业，分别在 4 次上机实训时完成。实训和无纸化作业有机结合，也增强了上机实训的教学效果。

(5) 每次作业不是一次性的，如果某位学生因为各种原因没有在课堂完成作业，或者对作业成绩不满意，还可以在课余时间，在宿舍或任何可以登录校园网的地点，利用校园网找到这次作业的安装程序(单机版)，进行安装运行，完成作业。然后通过电子信箱向教师报告成绩。为保证作业成绩的真实性，要求把查看作业成绩界面的截图同时发给教师。

(6) 可以大大减轻教师布置、回收和批改作业的工作量。教师重点指导学生如何完成作业，帮助学生提高操作技能，掌握操作技巧。

下面对该系统做简要介绍。

D.2　VF 无纸化作业的阶段划分

根据国家计算机等级考试大纲要求和教学进度，将无纸化作业划分为 4 次。每次作业重点复习、检测本阶段的教学和实训内容。4 次作业的题目类型划分如下。

(1) 第一次作业：本次作业在学习完项目文件、数据库和表的创建方法及进行实训(前 4 周)后进行。作业的题目类型如下：

● 键盘输入题。要求输入 5 行英文，根据输入正确率和时间评分。满分 20 分。

● 选择题。10 小题，每题 2 分。满分 20 分。

● 填空题。6 小题，每题 2 分。满分 12 分。

● 创建项目、数据库和表。每组 4 小题，每题 12 分，满分 48 分。

本题包括一组小题，要求学生在指定文件夹(作业文件夹)中创建项目、数据库和表。

说明：安排"键盘输入题"，一方面与"计算机基础"课程衔接，另一方面说明键盘操作速度对本课程具有重要作用，同时提高无纸化作业的趣味性和激励性。

本次作业完成的参考时间为 40 分钟。

(2) 第二次作业：本次作业在学习完数据库和表的基本操作教学和实训(第 5~7 周)后进行。作业的题目类型如下。

● 选择题：10 小题，每题 2 分。满分 20 分。

● 填空题：6 小题，每题 2 分。满分 12 分。

● 数据库简单操作题：每组 4 小题，每题 12 分。满分 48 分。本题包括一组小题，要求学生在指定文件夹(作业文件夹)中进行项目、数据库和表的基本操作。

● 向导表单题：1 小题。满分 20 分。本题要求学生应用表单向导创建表单。

本次作业完成的参考时间为 40 分钟。

(3) 第三次作业：本次作业在学习完查询、视图和 SQL 查询教学和实训(第 8~10 周)后进行。作业的题目类型如下。

● 选择题：10 小题，每题 2 分。满分 20 分。

● 填空题：5 小题，每题 2 分。满分 10 分。

● 创建视图查询题：2 小题，每题 20 分。满分 40 分。

● 写 SQL 语句题：2 小题。满分 30 分。

本次作业完成的参考时间为 50 分钟。

(4) 第四次作业：本次作业在学习完程序、菜单和表单设计教学和实训(第 11~17 周)后进行。作业的题目类型如下。

● 选择题：13 小题，每题 2 分。满分 26 分。

● 填空题：7 小题，每题 2 分。满分 14 分。

● 报表或程序设计题：1 小题。满分 20 分。

- 建菜单题：1 小题。满分 20 分。
- 建表单题：1 小题。满分 20 分。

后 3 题要求创报表、菜单或表单，或修改和调试程序，这类似于国家等级考试的简单应用题。

本次作业完成的参考时间为 60 分钟。

D.3　无纸化作业系统的组成

本系统采用 C/S 结构，由多个子系统组成。各主要子系统的名称与功能介绍如下。

(1)　现场管理子系统：具有作业参数设置、作业启动与停止控制、评分结果传递与回收等功能。该子系统安装在上机教室局域网的网络服务器上，作为数据服务器，为学生提供习题数据库，由任课教师运行。

(2)　学生作业子系统：具有学生登录与身份验证、随机抽题组成电子作业文件、提供学生答题环境、作业自动评分等功能。本子系统通过局域网提供，学生自行安装在使用的客户机上，由考生运行。本子系统必需在"现场管理子系统"已经运行且启动"作业"功能的状态下才能运行。

由于每次作业的题目不相同，因此该子系统又划分为 4 个(4 次作业)不同的软件。每个软件又分为网络版和单机版两种版本。网络版用于在上机教室集体布置作业时运行，可以通过局域网即时回收作业成绩；单机版则方便学生在课余时间独自下载运行完成某次作业，然后通过电子邮件向教师报告成绩。

(3)　成绩管理子系统：具有作业与考试成绩回收、复核、汇总、统计分析等管理功能。该子系统安装在每位任课教师的计算机上，任课教师可随时运行(与无纸化考试系统使用的子系统相同)。

(4)　作业模拟系统：本系统具有与正式作业相同的环境以及题目类型，学生可以进行对作业的模拟练习。每次作业都有相应的模拟系统软件。这些软件在本书配套的教学光盘上提供，读者可随时下载使用。

D.3　无纸化作业系统的安装与登录

学生用无纸化作业系统(客户端)的安装和登录很简单，这里以第 1 次无纸化作业为例介绍其单机版的安装与登录过程。网络版与单机版安装与登录方法相同。不同之处是需要局域网和服务器端软件的支持。

首先需要找到该系统的安装文件"VF 第 1 次无纸化作业(单).exe"，然后双击它的图标，按照安装向导的提示即可顺利安装。安装后直接运行，进入它的登录界面，如图 D.1 所示。

在登录时，首先需要输入自己的学号和姓名，学号要求输入 10 位数字(当前一般学校的学号均为 10 位数字)，学号和姓名必须是本人的真实信息，否则系统回收作业和登记成绩时就会出现混乱。

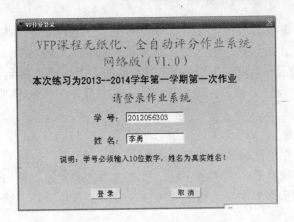

图 D.1　第 1 次无纸化作业登录

单击"确认"按钮，即可进入作业界面。界面的显示分为两个窗口，上面的窗口是学生作业试题头信息窗口，它一直出现在桌面的最上端，且不会被其他窗口覆盖。该窗口显示学生的学号、姓名，显示作业已经进行的时间，如图 D.2 所示。

VFP 数据库无纸化作业（练习）系统		
学号：2012056303 姓名：李勇		0:08

图 D.2　作业题头窗口

另一个窗口是电子作业和操作窗口，显示本次作业题目及相关信息，如图 D.3 所示。

图 D.3　第 1 次作业题目窗口

在该窗口上方，显示一个"作业文件夹"标签，一个"启动 Visual FoxPro"按钮，单击此按钮，即可启动 Visual FoxPro 6.0，还有一个"交作业"按钮，在练习结束时可以提交作业，查看成绩和题目分析、参考答案等。

在"作业文件夹"下面显示的是该学生在解答操作题时需要设定的默认目录，这非常重要。因为如果找不到这个文件夹，所有的操作题(本次作业的建库建表题)都将无法正确完成。

窗口的下半部分是作业题目，共分 4 种题型。当前显示的是"键盘输入题"，该题要求学生按题目要求用键盘输入 5 行英文，系统根据输入速度和正确率评定成绩。学生单击"开始"按钮，即可开始输入，输入结束后需要立即单击"结束"按钮，系统就会进行自动评分。如果输入速度快(少于 5 分钟)且正确率高，不仅可以得到满分，还会得到奖励分，最多奖励 5 分；反之，输入速度慢(超过 6 分钟)且正确率低，则要扣减分数。激励学生练习好键盘输入技术。

表面看起来，此题与 VF 无关，但是它体现了 VF 与前导课程的连续性和继承性，同时键盘输入技术对编程速度和效率也有直接影响。

本次作业还有"选择题"、"填空题"和"建库建表"题。单击选择题或填空题选项卡，即可进入此题的操作界面，题目解答可以在窗口中直接进行，操作方法简单直观，这里不再赘述。

单击"建库建表题"选项卡，即可进入该题窗口，如图 D.4 所示。

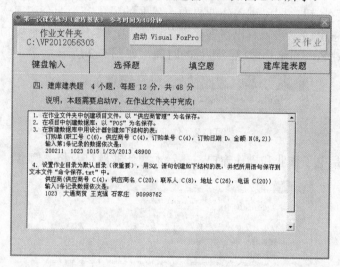

图 D.4 "建库建表题"窗口

窗口的编辑框中显示了一组题目，要求学生在"作业文件夹"创建项目、数据库和表文件等，共 4 个小题，每题满分为 12 分。

此题必须在 VF 环境中完成，且必须把创建的所有文件都保存在指定的"作业文件夹"中。因此，在解答此题时，首先要启动 VF，然后设置"作业文件夹"为默认目录，再按要求创建各种文件。

D.4 完成作业的注意事项

无纸化作业与传统的纸质作业有很大不同，解题的方法也有新的要求。在完成无纸化作业时，希望读者注意以下几点。

(1) 一定要沉着冷静，不要手忙脚乱。认真阅读题目，在理解题意的基础上进行解答。虽然每个题目都可以反复多次解答，但是会浪费宝贵的时间。

(2) 操作性题目必须在 VF 环境中解答，因此必须能够熟练启动 VF。作业窗口提供了可以快速启动 VF 的命令按钮"启动 Visual FoxPro"，单击此按钮即可快速启动 VF。当然，也可以使用其他方法启动 VF。

(3) 启动 Visual FoxPro 后，应该立即将"作业文件夹"设置为当前目录(默认目录)，例如，对于当前登录的学生，需要在命令窗口输入以下命令：

```
SET DEFAULT TO C:\VF201256303
```

然后再做练习题(这一步至关重要)。

(4) 为方便在启动 VF 后进行操作，应该保持作业题目窗口和 VF 窗口同时显示在屏幕上。因此不要把 VF 窗口最大化。最好将两个窗口排列为上下两部分，如图 D.5 所示。

图 D.5 两个窗口上下排列

其中上面的窗口是 VF 窗口，可以进行各种文件的建立、修改、运行等，下面的窗口是考试试卷窗口，从中可以同时看到考试题目，非常方便。

采用两个窗口同时显示，可以避免在两个窗口之间的频繁转换、耽误时间。

(5) 一定按照题目要求的文件名存盘，一个字母也不能差。有的读者(考生)往往忽略文件名的重要性，这是非常严重的问题。因为作业系统在回收作业和评分时，首先要根据文件名查找文件，如果文件名错误，系统找不到文件，就认为没有完成，将按 0 分计算。

(6) 在完成作业的过程中，如果某题不会做，可以查看资料、互相讨论，或请教老师等，但是不要请别人代劳完成，否则就失去了做作业的意义。

(7) 系统显示的完成作业的参考时间，是对完成作业的一个柔性限制，并不强制收取作业。但是，如果超过这个时间提交作业，在评分时系统将根据超过的时间扣减，一般每迟交 1 分钟，扣减 1 分。这样做的目的是帮助学生养成珍惜时间的观念。

D.5 提交作业与查看评分

在完成作业题目并存盘后，同时退出 VF，即可单击"交卷"按钮交卷。此时系统出现提示信息窗口，如图 D.6 所示。

图 D.6　保存文件提示窗口

这个窗口提示在提交作业前一定要保存文件同时退出 VF，如果已经保存了文件并退出了 VF，则可单击"是"按钮，如果尚未保存文件，则需要单击"否"按钮，先保存好文件并退出 VF 后再提交。

单击"是"按钮，系统又出现提示窗口，如图 D.7 所示。

图 D.7　提示信息

此窗口提示，交作业后不能再进行答题了。如果确认提交，则单击"是"按钮，若单击"否"，则还可以继续答题。

单击"是"按钮，系统又出现提示窗口，如图 D.8 所示。

图 D.8　查看作业评分提示信息

查看作业评分(包括参考答案)的目的是帮助读者了解自己作业完成的情况，掌握每个题目的正确解题思路和解答方法。对于读者是很有益处的。单击"是"按钮，系统即可显示查看评分的窗口，如图 D.9 所示。

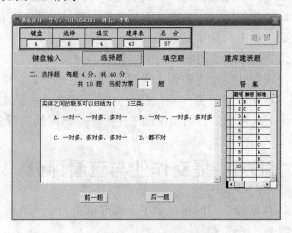

图 D.9　查看选择题评分

窗口显示的主要内容含义如下。

(1) 评分结果：在窗口左上角用表格显示考生本次作业的各题得分及总分。

(2) 窗口下方用页框的形式显示每题的题目评分信息，题目性质不同，显示的信息也不相同。单击各页面的标题，即可显示该题的相关信息。图 D.9 显示"选择题"的相关信息。可以看到，不仅提供了每题的正确答案，还可以前后翻看每个题目进行对照。

单击"前一题"、"后一题"按钮，可以转换题号。

(3) 单击"建库建表题"选项卡，即可看到此题的评分情况，如图 D.10 所示。在这个窗口中，可以看到本题 4 个小题的评分结果。在窗口上半部的编辑框中，显示了本题的评分标准，下面的表格中，则显示出系统在评分时发现的错误信息。学生可以根据这些信息，检查自己的题目解答情况，及时修正，提高操作能力。

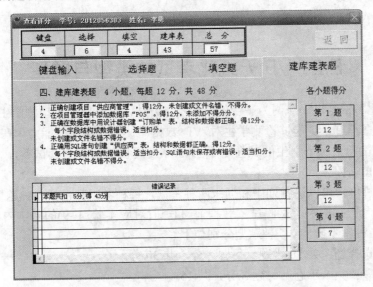

图 D.10 查看建库建表题评分及试题分析

(4) "返回"：单击此按钮，可退出本软件。

附录 E VF 无纸化考试系统简介

E.1 概　　述

该系统是为深化网络化、无纸化和自动化教学改革、与国家计算机等级考试无缝接轨而研制开发的"基于局域网的 VF 无纸化自动评分考试系统"应用软件。在教学实践中应用该系统，获得了良好的效果，受到师生的欢迎，还在 2011 年全国多媒体教学软件大赛中获得河南省一等奖。

为推动 VF 考试方法改革，下面对该系统做简要介绍。

E.2 VF 无纸化考试的类型与题型

VF 无纸化考试是以局域网为平台的新型考试方法，它不仅能够检测学生对 VF 数据库基础知识的掌握程度，更能够检测学生对 VF 数据库使用和操作的能力。在考试时，系统自动随机生成试卷，每个学生的试卷是不同的(系统可以组成数百套试卷)。此外，在交卷后，系统能够自动评分。

根据教学进度，可以进行期中和期末两种考试，每种考试都包括 5 种题型。

(1) 期中考试：期中考试测试本教程前 11 讲(对应实验 1~9)的教学内容，主要包括 VF 数据库的各种基本操作。5 种题型分别如下。

- 单项选择题：共 10 小题。每题 3 分，共 30 分。
- 填空题：共 5 小题。每题 3 分，共 15 分。
- 基本操作题：共 3 小题。每题 9 分，共 27 分。基本操作题主要测试项目、数据库、表、索引等基础文件的创建、修改，建立表间的联系，编辑参照完整性，设置字段有效性规则，以及用 SQL 语句对表进行插入、更新和删除等基本操作。
- 简单应用题：1 小题。13 分。简单应用题主要测试用向导或设计器创建视图、查询、报表，用向导设计表单。
- SQL 应用题：共 2 小题。第 1 题 5 分，第 2 题 10 分，共 15 分。SQL 应用题主要测试使用 SQL 的 SELECT 语句进行查询的能力。

期中考试的考试时间为 1 小时。

(2) 期末考试：期末考试测试本教程的所有教学内容。5 种题型分别如下。

- 单项选择题：共 18 小题。每题 1.5 分，共 27 分。
- 填空题：共 8 小题。每题 1.5 分，共 12 分。
- 基本操作题：共 3 小题。每题 9 分，共 27 分。基本操作题主要测试项目、数据库、表、索引等基础文件的创建、修改，建立表间的联系、编辑参照完整性、设置字段有效性规则，以及用 SQL 语句对表进行插入、更新删除等基本操作。
- 简单应用题：1 小题。14 分。简单应用题主要测试用向导或设计器创建视图、查询、报表、菜单、表单等操作，简单应用题一般不要求编写比较复杂的代码。

- 综合应用题：1 小题。20 分。综合应用题检测对 VF 数据库的综合应用能力，一般都是通过设计一个菜单或表单程序，并要求编写一定难度的程序代码，完成题目要求的任务。

期末考试的考试时间为 1 小时 50 分钟。

为帮助学生熟悉无纸化考试的环境、题目类型和操作方法，减少在考试时发生的误操作等问题，开发了无纸化考试模拟系统。模拟系统与考试系统的操作界面、操作方法完全相同。通过模拟系统的练习，使学生能够顺利进行正式的无纸化考试。本模拟系统也提供了期中和期末两种考试类型，考试题型也与正式考试相同。每种考试都提供了一套模拟考试题目供学生进行练习。下面以期末模拟考试为例，介绍该系统的使用方法。

E.3　无纸化考试系统的组成

本系统采用 C/S 结构，由多个子系统组成。各主要子系统名称与功能简单介绍如下。

(1) 考场管理子系统：具有考试参数设置、考试启动与停止控制、考试结果传递与回收等功能。该子系统安装在考场局域网的网络服务器上，作为数据服务器，为考生提供试题库数据并回收考卷，由监考教师运行。

(2) 学生考试子系统：具有考生登录与身份验证、随机抽题组成试卷、自动生成考试数据、提供学生答题环境、试卷自动回收和评分等功能。本系统安装在考场局域网学生使用的客户机上，由考生运行。本子系统必需在"考场管理子系统"已经运行且启动"考试"功能的状态下才能运行。

(3) 成绩管理子系统：具有作业与考试成绩回收、复核、汇总、统计分析等管理功能。该子系统安装在每位任课教师的计算机上，任课教师可随时运行。

(4) 选择题、填空题练习与自测系统：本子系统是针对重要而又令学生头疼的选择题和填空题，专门开发的系统。该系统把教材习题中所有的选择题和填空题集中起来，利用软件进行练习和自测。系统具有趣味性和激励性。对于学生提高考试成绩和计算机等级考试通过率，有一定的帮助作用。

(5) 考试模拟系统：本系统具有正式考试系统相同的环境以及题目类型，学生可以进行期中和期末考试的模拟练习，能减少考生因操作失误造成考试非正常中断的情况。本系统在本书配套光盘上提供，读者在学习过程中可以随时运行。

(6) 作为一个完整的管理系统，本系统还有"教研室管理子系统"、"试题数据库维护子系统"等其他配套软件。这里不再赘述。

E.4　模拟考试的安装与登录

模拟考试系统的安装和登录很简单，首先需要找到该系统的安装文件"VFP 模拟考试系统.exe"，然后双击图标，按照安装向导的提示，即可顺利安装。安装后直接运行，进入它的登录界面，如图 E.1 所示。

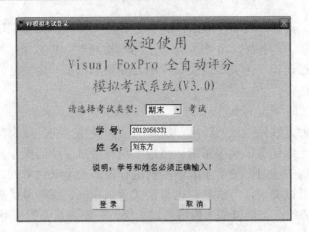

图 E.1　模拟考试登录

在登录时，首先选择考试类型(期中或期末)，然后需要输入自己的学号和姓名，学号要求输入 10 位数字(当前一般学校的学号均为 10 位数字)，对姓名没有要求。但是如果正式考试，学号和姓名必须是本人的真实信息，系统要进行考生身份验证。没有注册的考生是不能进入考试系统的。

假定我们选择期末考试，考生的学号和姓名如图 D.1 所示，单击"确认"按钮，即可进入考试界面。考试界面的显示分为两个窗口，上面的窗口是考试题头信息窗口，它一直出现在桌面的最上端，且不会被其他窗口覆盖。该窗口显示考生的学号、姓名，显示考试还剩余的时间。如图 E.2 所示。

图 E.2　考试题头窗口

另外一个窗口是试卷窗口，显示模拟考试的题目，如图 E.3 所示。

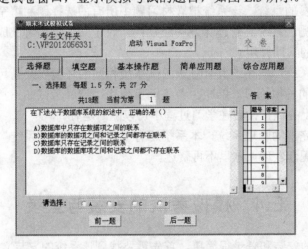

图 E.3　考试试卷窗口

在该窗口上方，显示"考生目录"，有一个"启动 Visual FoxPro"按钮，单击此按钮，即可启动 Visual FoxPro 6.0，还有一个"交卷"按钮，在练习结束时可以交卷，查看成绩和试题分析、参考答案等。

　　窗口的下半部分是模拟试卷，共分 5 种题型。当前显示的是选择题。期末考试选择题共有 18 题，当前显示的是第 1 题。答题方法如下。

　　首先应该仔细阅读在编辑框中显示的题目，判断正确答案，然后在下面的选项按钮组中进行选择。假定本题正确答案是 C，则单击"C"单选按钮，此时窗口右边的表格中对应题号 1 的答案变为"C"。单击"后一题"按钮即可做下一题，单击"前一题"按钮即可返回前一题。

　　考生在考试中，可以按任意顺序答题。

　　单击"填空题"选项卡，即可显示"填空题"界面，如图 E.4 所示。

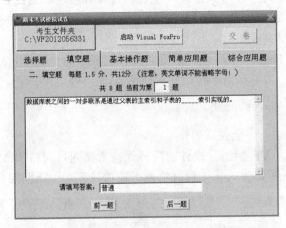

图 E.4　模拟考试"填空题"窗口

　　填空题需要根据题目要求，在窗口下方的文本框内用键盘输入答案。需要注意的是，如果答案是英文单词，则必须书写整个单词，不能省略字母。

　　完成一个题后，单击"后一题"即可做下一题，单击"前一题"即可返回前一题。

　　选择题和填空题一般不需要启动 Visual FoxPro，但是基本操作题、简单应用题和综合应用题就需要在 Visual FoxPro 环境下进行操作。例如，假定做基本操作题，则窗口显示如图 E.5 所示。

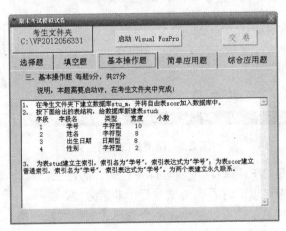

图 E.5　"基本操作题"窗口

此时，读者需要先启动 Visual FoxPro，然后根据题目的要求进行各项操作。同样，简单应用题和综合应用题也需要在 Visual FoxPro 环境下完成。

E.5　模拟练习注意事项

在利用模拟软件进行操作练习时，希望读者注意以下几点。

(1) 在选择考试类型时，要有一定的目的性，不要盲目。最好期中考试前进行期中考试模拟，期末考试前进行期末考试模拟。

(2) 模拟练习主要为熟悉考试系统环境、熟悉操作程序和方法，为正式参加考试做必要准备。因此应该认真记住每一个操作步骤，不一定每次都要做完整套的所有题目，只需把自己想要练习的题目完成即可。

(3) 启动 Visual FoxPro 后，应该立即将考生目录设置为当前目录(默认目录)，例如，对于当前登录的学生，需要在命令窗口输入以下命令：

```
SET DEFAULT TO C:\VF2005077102
```

然后再做练习题(这一步至关重要)。

(4) 为方便在启动 VF 后进行操作，应该保持考试题目窗口和 VF 窗口同时显示在屏幕上。因此不要把 VF 窗口最大化。最好将两个窗口排列为上下两部分，如图 E.6 所示。

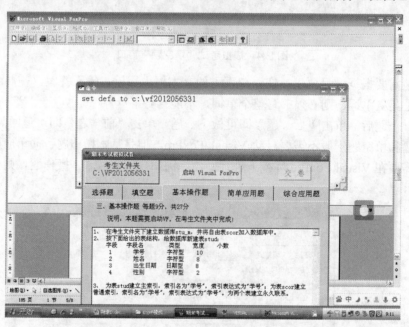

图 E.6　两个窗口上下排列

其中上面的窗口是 VF 窗口，可以进行各种文件的建立、修改、运行等，下面的窗口是考试试卷窗口，从中可以同时看到考试题目，非常方便。

采用两个窗口同时显示，可以避免在两个窗口之间的频繁转换，耽误时间。

(5) 一定按照题目要求的文件名存盘，一个字母也不能差。这是初学者容易犯的错误。有的读者(考生)往往忽略文件名的重要性，这是非常严重的问题。因为考试系统在回收试卷和评分时，首先要根据文件名查找文件，如果文件名错误，系统找不到文件，就认为没有完成，将按 0 分计算。

(6) 在练习的过程中，如果某题不完全会做，或没有把握，也不能放弃，仍然应该按要求的文件名存盘(哪怕只完成部分)，因为这也可能得到部分分数。而不存盘只能是 0 分。在正式的考试中也应该如此，不要轻易放弃任何得分的机会。

E.6　交卷、查看评分及试题分析

在完成练习并存盘后，同时退出 VF，即可单击"交卷"按钮交卷。此时系统出现提示信息窗口，如图 E.7 所示。

图 E.7　保存文件提示窗口

这个窗口提示在交卷前一定要保存文件同时退出 VF，如果已经保存了文件并退出了 VF，则可单击"是"按钮，如果尚未保存文件，则需要单击"否"按钮，先保存好文件并退出 VF 后再交卷。

单击"是"按钮，系统又出现提示窗口，如图 E.8 所示。

图 E.8　提示信息

此窗口提示，交卷后不能再进行答题了。如果确认交卷，则单击"是"按钮，若单击"否"，则还可以继续答题。

单击"是"按钮，系统又出现提示窗口，如图 E.9 所示。

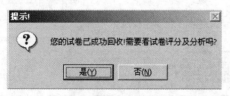

图 E.9　查看正确答案提示信息

查看试卷评分和试题分析(包括参考答案)的目的是帮助读者了解自己练习的效果，掌握每个题目的正确解题思路和解答方法，对于读者是很有益处的。单击"是"按钮，系统即可显示正确答案的窗口，如图 E.10 所示。

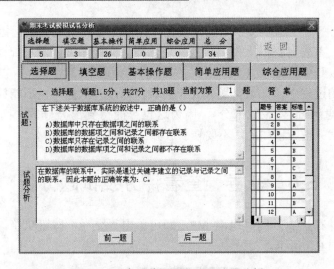

图 E.10　查看选择题评分及试题分析

窗口中显示的主要内容含义如下。

(1) 评分结果：在窗口左上角用表格显示考生本次模拟考试的各题得分及总分。

(2) 窗口下方用页框的形式显示每题的题目、试题分析及参考答案，单击各页面的标题，即可显示该题的相关信息。本图显示"选择题"的相关信息。可以看到，不仅提供了每题的正确答案，还给出了题目的分析。

单击"前一题"、"后一题"按钮，可以转换题号。

(3) 对于"基本操作题"、"简单应用题"和"综合应用题"，不仅有文字的试题分析，还有操作过程屏幕录像的视频信息，考生可以观看。如图 E.11 所示是基本操作题的查看窗口。显示了每个小题的评分结果，还有评分时发现的错误。单击"看操作录像"按钮，还可看到此题正确的操作视频。

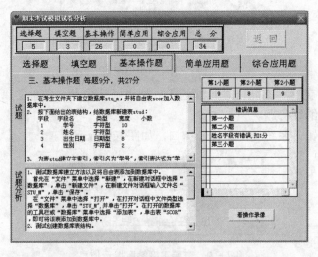

图 E.11　查看基本操作题评分及试题分析

(4) 退出：单击"返回"按钮，可退出本软件。

在实际考试中，也提供了查看考试评分的功能，但提供的信息不如模拟考试多。

参 考 文 献

1. 史济民等. Visual FoxPro 及其应用系统开发. 北京：清华大学出版社，2005
2. 教育部考试中心. 全国计算机等级考试二级教程——Visual FoxPro 程序设计. 北京：高等教育出版社，2003
3. 游宏跃等. 全国计算机等级考试 二级 Visual FoxPro 达标辅导——考试要点、试题分析与练习. 北京：高等教育出版社，2004
4. 李加福等. Visual FoxPro 6.0 中文版入门与提高. 北京：清华大学出版社，2000
5. 向伟等. 新版 Visual FoxPro 6.0 中文版实用教程. 成都：电子科技大学出版社，2002
6. 陈宗兴. 梁晓冰等改编. Visual FoxPro 7.0 数据库系统入门与实作. 北京：人民邮电出版社，2002
7. 张治文等. Visual FoxPro 6.0 开发实例. 北京：清华大学出版社，1999
8. 李印清. Visual FoxPro 实用教程. 武汉：华中科技大学出版社，2003